design and transformation of ensure apartment

by Li Xiaoning

李小宁 著

两限房

经济适用房

定向安置房

旧城改造房

棚户区改造房

公共租赁房

廉租房

政策房的设计与改造

中国建筑工业出版社

图书在版编目（CIP）数据

政策房的设计与改造/李小宁著.—北京：中国建筑工业出版社，2011.7
 ISBN 978-7-112-13348-2

Ⅰ.①政… Ⅱ.①李… Ⅲ.①住宅-建筑设计②住宅-旧房改造 Ⅳ.①TU241

中国版本图书馆CIP数据核字（2011）第124581号

本书作者为我国楼市分析专家、户型设计专家。在本书中作者探讨了政策房的设计与改造问题，对所选政策房户型实例进行了深入的户型分析和精心的改造设计。这些实例包括两限房、经济适用房、公共租赁房、廉租房、对接安置房、动迁安置房、旧城保护安置房和棚户区改造房等。

本书图文并茂，直观实用，可供各级地方政府、开发商、建筑设计公司、房地产策划营销、建筑装饰公司及广大居民等参考使用。

责任编辑：许顺法　陆新之
责任设计：陈　旭
责任校对：陈晶晶　刘　钰

政策房的设计与改造

李小宁　著

*

中国建筑工业出版社出版、发行（北京西郊百万庄）
各地新华书店、建筑书店经销
北京嘉泰利德公司制版
北京云浩印刷有限责任公司印刷

*

开本：880×1230毫米　1/16　印张：12$\frac{1}{2}$　字数：336千字
2011年10月第一版　2011年10月第一次印刷
定价：68.00元
ISBN 978-7-112-13348-2
　　　（20845）

版权所有　翻印必究
如有印装质量问题，可寄本社退换
（邮政编码　100037）

户型的面积与装修
(代前言)

面积是政策房选择中最直接、也最费心思的指标,既关系到前期的购买总价、补偿标准,以及后期的运行费用,又影响到居住的质量,因此,设计和选择时应从以下四个方面予以权衡:

对应性

品种的对应性。

廉租房是政府以租金补贴或实物配租的方式,向符合城镇居民最低生活保障标准且住房困难的家庭提供租金相对低廉的普通住房。按照《国务院关于解决城市低收入家庭住房困难的若干意见》(国发【2007】24号)文件,再次强调了廉租房的面积标准,指出"新建的廉租住房套型建筑面积控制在 $50m^2$ 以内,并根据城市低收入住房困难家庭的居住需要,合理确定套型结构。"

公共租赁房是解决新就业职工等夹心层群体住房困难的住房。按照2010年6月12日由住建部等七部委联合制定的《关于加快发展公共租赁住房的指导意见》正式颁布,要求单套建筑面积严格控制在 $60m^2$ 以下。

经济适用房是政府提供政策优惠,限定套型面积和销售价格,按照合理标准建设,面向城镇中低收入家庭供应,具有一定保障性质的商品住房。按照《国务院关于解决城市低收入家庭住房困难的若干意见》(国发【2007】24号)文件,"合理确定经济适用住房标准,根据经济发展水平,建筑面积控制在 $60m^2$ 左右。"但实际上,执行中的面积标准已经大大超出,甚至与普通商品房不相上下。

限价房是政府采取招标、拍卖、挂牌方式出让商品住房用地时,提出限制销售价格、限制住房套型面积、限制销售对象等要求,由开发企业通过公开竞争取得土地,并严格执行限制性要求开发建设和定向销售的普通商品房。关于面积,中央没有给出严格的限定,各省市根据地方实际情况灵活制定。《北京市限价商品住房管理办法(试行)》(京建住【2008】226号)规定:"限价商品住房建筑面积以 $90m^2$ 以下为主,其中,一居室控制在 $60m^2$ 以下,二居室控制在 $75m^2$ 以下。"

需求的对应性。

一居的小户型,自住时多作为过渡房,购房对象通常是参加工作不久的年轻人,其购房动机是积蓄不多又渴望拥有自己的小天地,当然也需要厅、室、厨、卫等五脏俱全,并且每一部分的面积都要求小字号的。

二居室是一种承上启下、灵活多变的户型:自住时单身、两口可住,孩子小时也能凑合;投放市场时,比一居租户群宽,比三居易于转让。

三居室是未来的主力户型,三口可以拥有书房,两代可以互不相扰。考虑到孩子长大后的独立趋势、老人和年轻人的不同生活习惯等等,两个卫生间及服务阳台可以进一步考虑。

舒适性

从人体工程学和家居生活的基本规律出发,决定户型的开间、进深及面积。除人的视角、活动外,还应考虑利用率问题,如果居室中部面积既不能用于摆放家具、电器,又无助于人的活动,不仅不能增加生活情趣,反而增添购买及运行费用,舒适度自然打折扣。比如普通家庭中的客厅,主要陈设的是沙发、电视、花木等等,是会客、家人团聚的场所,太小让人局促,太大又让人感觉空荡,因此,客厅的开间以3.3~4.2米为宜。又比如,二居室的卫生间有双有单,因此面积和品质也会产生差异。对于自住型客户:单身或两口,单卫已满足需要;三口之家或两代老少,最好选择双卫,这是提高品质的重要指标。

地域性

由于各地区人们生活习惯的不同,对户型面积有着不同的要求,因而选择上存在着地域性差异。比如,北方地区认为二居室应该在80平方米以上,而南方地区则觉得这样的面积可以是三居。再比如,南方地区多数户型都设置内外双阳台或服务和休闲阳台,并且面积比重较大,因为纳凉和晾晒是生活的重要环节,而北方地区的阳台多为封闭,并且面积不宜过大。阳台在南方作为实用性的空间,到了北方则变成了扩张性的空间。

配套性

配套的优劣关系到住宅功能的发挥。住宅户型中厅的功能以接待客人、家庭休闲为主,如果小区内会所配置齐全,使用方便,小区外商业发达,服务周到,厅的一些功能可以转移至外面,家中的隐私也可以得到更好的保证。这样的话,厅的面积可以缩小,从而缩小了整个套型的面积,或者用以增加其他功能空间的面积。

除了把控好面积的尺度外,还要提倡住宅装修一体化设计和菜单式全装修,在房屋交钥匙前,所有功能空间的固定面全部铺装或粉刷完毕,厨房和卫生间的基本设备全部安装完成,通过模数化的设计、工厂化的制作、批量化的生产,促进住宅产业化的实施,这一点,政策房有着天然的优势。

住宅开发和设计

政策房的开发单位要更新观念,建造全装修住宅,做到住宅内部所有功能空间一次装修到位,销售价格中应该包括装修费用。

装修档次与标准应在市场调查的基础上正确定位,要与住宅本身相一致。

加强装修的组织与管理,运用公开招标方式优选设计、施工和监理单位,并进行资质审查。贯彻执行国家的有关规范、规定和标准,保证设计、施工和管理达到较高的水平。

尽量做到住宅土建装修一体化的设计和施工,内部所有功能空间全部装修一次到位,装修档次和标准与住宅的定位相一致。装修遵循简洁化、标准化、通用化的原则,把个性化留给装饰。

装修设计必须执行《住宅建筑模数协调标准》GB/T 50100-2001,厨卫设备与管线的布置应符合净模数的要求,在设计阶段就予以定型定位,以适应住宅装修产业化生产的要求,提高装配化程度。

积极推广应用住宅装修新技术、新工艺、新材料和新部品,提高科技含量,取得经济效益的同时,兼顾环境效益和社会效益。

装修材料和部品

建立和健全住宅装修材料和部品的标准化体系,开发和发展住宅装修新材料和新部品,进行标准化、系列化、集约化生产,实现政策房装修材料和部品生产的现代化。

材料和部品的选择应符合产业的发展方向,满足国家有关环保、节能和节水的最新标准要求,对产品质量进行投保,生产企业要通过ISO 9000或ISO 14000系列认证。装修部品的选用应遵循《住宅建筑模数协调标准》,执行优化参数、公差配合和接口技术等有关规定,以提高其互换性和通用性。

实施材料的配套供应,不但要求主体材料和

辅助材料配套、主件和配件配套、施工专用机具配套，而且要求有关设计、施工、验收等技术文件配套，做到产品先进有标准、设计方便有依据、施工快捷有质量。

材料与部品采购要体现集团批量采购的优势，大幅度降低采购成本。

装修施工和监理

保障房的开发单位委托具有相应资质条件的建筑装饰施工单位施工，积极推行工业化施工方法，鼓励使用装修部品，减少现场作业量，积极引进、开发和应用施工专用机具，提高施工工艺水平，有效缩短施工周期。

加强装修施工组织管理和质量管理，编制施工组织设计，控制装修施工进度，严把材料和部品的质量关。确立开发单位为保障房安居工程装修质量的第一责任人，承担工程质量责任，负责售后服务。建筑装饰施工单位、装修材料和部品生产厂家负责相应施工和产品的质量责任。同时加强安全生产、文明施工管理，坚持安全第一、预防为主的方针，创造良好的施工环境。

必须实行装修监理，控制投资、进度和质量，强化合同管理和信息管理，协调各方面关系。包括：审核装修合同、审核设计方案、审核设计图纸、审核工程预算、查验装饰材料和设备、验收隐蔽工程、检查工艺做法、监督工程进度、检查工程质量。

建立和推行住宅装修质量体系，将设计、生产和施工的质量保证有机地联系起来，便于发现问题、研究对策、改进措施，使装修质量经得起长时间的检验。

政策房的开发单位必须向购房者或政策房管理机构提交装修质量保证书，包括装修明细表、装修平面图和主要材料及部品的生产厂家，并执行有关的保修期。

总而言之，紧凑的面积使政策房的设计难度加大，而实用的装修则是政策房未来实行产业化的关键步骤。

目　录

户型的面积与装修（代前言）

户型格局篇

空间的对话 …………………………………… 2
政策房的卧室空间 ………………………… 3
　卧室的尺度 ………………………………… 3
　卧室的主次 ………………………………… 5
　设计提示 …………………………………… 7
政策房的起居空间 ………………………… 9
　起居的分类 ………………………………… 9
　起居的联系 ………………………………… 13
　次起居的打造 ……………………………… 14
　设计提示 …………………………………… 15
政策房的厨卫空间 ………………………… 17
　厨卫的尺度 ………………………………… 17
　厨卫的形状 ………………………………… 18

　厨卫的位置 ………………………………… 20
　设计提示 …………………………………… 22
政策房的服务空间 ………………………… 23
　多种阳台的设置 …………………………… 23
　功能空间的取舍 …………………………… 25
　交通通道的联系 …………………………… 27
　设计提示 …………………………………… 29

限价租赁篇

空间的设计 …………………………………… 32
两限房 ……………………………………… 33
　北京房山区长阳镇起步区4号地双限房 …… 34
经济适用房 ………………………………… 41
　北京怀柔区北房镇驸马庄村保障房 ……… 42

公共租赁房 ················· 51
北京丰台区桥南王庄子公共租赁房 ······ 52
廉租房 ····················· 61
北京门头沟区廉租房 ············· 62

定向安置篇

空间的经济 ···················· 68
对接安置房 ················· 69
北京顺义区张镇居住区安置房 ······· 70
北京第二水泥厂安置房 ············ 76
北京水碾屯村定向安置房 ·········· 100
动迁安置房 ················· 109
北京开发区12平方公里项目拆迁安置房 ··· 110
北京高碑店北花园居住小区定向安置房 ····· 118
北京海淀区八家地回迁安置房 ········· 126

北京三间房乡D区农民回迁安置房 ······ 130
北京房山区长阳镇高佃四村回迁房 ······ 140
北京房山区人口迁移集中安置房 ······· 150
旧城保护安置房 ··············· 155
北京东城区旧城保护定向安置房
　　——顺义地块 ················· 156
棚户区改造房 ················· 167
北京南苑棚户区改造安置房 ·········· 168
北京唐家岭地区整体改造房 ·········· 176

后　记 ······················ 191

户型格局篇

空间的对话

篇前语

买房子除了建筑本身外，应更多地注重周边的环境和所处的区域，尤其是自然景观。简而言之，不仅买套型，还要买环境。除了社区内外的花园、景观、设施外，重要的是透过窗户能够看到什么，步出居室可以通向哪里，相邻套型如何融会贯通。这其中体现了人与自然的交流，人与人的交流。一言以蔽之，你所居住的小空间如何与他人的小空间、自然的大空间产生交融，产生对话。

景观与观景的对话

有好的景观还必须有好的观景通道，也就是说，你的窗户、阳台、花园设置得如何？通过这些设施与景观能沟通多少？等等，这些对实现人与自然的交流显得至关重要。比如，一些项目的露台多是赠送，但过多、过大的露台对北方未必合适，并且在别墅类住宅中一般设计成退台形式，这样一则影响下一层的保温，二则阻挡该层观景的视角。

室内与室外的对话

现代住宅为了丰富与自然的关联，不仅扩大了门窗的面积，增加了落地窗、飘窗、角窗的样式，还创造出了外中有里，里中有外，上中有下，下中有上的室内花园或空中花园。尤其是别墅类住宅，具有三面，甚至四面采光的优势，加之上有露台、阁楼，下有花园、地下室，与外界形成了丰富的沟通渠道。

套型与套型的对话

居室本无生命，更不可能说话，但居住了人，就充满了活力，居室与居室也就有了微妙的联系。不仅套型内的布局会对生活产生作用，就是楼道的走向，电梯的配置，套型与套型之间采光、通风、观景是否互遮、互视等，都会或多或少地干涉日常的起居。因此，好的套型还须有好的楼层或楼体布局配套，才能使各空间产生良性的交融。

政策房的卧室空间

在购买或租赁住宅时，首先会涉及的就是"居室"，而现在"一居室"、"两居室"、"三居室"等的称谓，基本上延续了20世纪80年代以前有室无厅，或仅有一过厅的套型结构形式，其核心仍然是唯卧室独尊。所不同的是，按照现代人的生活习惯，将起居室从传统的卧室中独立出来，形成了"厅"。

尽管如此，选择住宅时，恐怕首先考虑的还是有几个卧室，这样才能满足基本生活的需求，满足家庭人居的需要。所以，当居室作为卧室体现了睡觉这种住宅最原始的功能时，就成为值得通盘考虑的空间，值得重点选择的空间，值得仔细玩味的空间。

卧室的尺度

那么，从进门上床，到功能分区，选择多大面积的卧室，才显得更为合理呢？

基本的 10 平方米

开间为3米，进深为3.3米的尺度，基本能满足双人卧室家具的摆放。卧室中最少应有双人床、床头柜和大衣柜等所谓的"卧室三件套"，当然，如果拥有独立的衣帽间，衣柜的部分可以省去。

以床为中心，是考察卧室尺度是否合理的关键。一般床应平行于窗户摆放，并保持一段距离，否则会影响上下床的便捷性、生活的私密性，并且心理上缺乏安全感，同时，灰尘、噪声和迎头风等，都会影响睡眠和健康。以床长2米来计算，加上床前留有0.8米的通道，墙体中缝约0.2米的厚度，卧室的开间应为3米。标准双人床的宽度1.5米，床头柜0.4～0.6米，衣柜深度0.6米，这样加起来，3.3米的卧室进深是起码的要求。当然，若放置单人床，房间的进深可以稍小一些，但小于8平方米的睡眠空间，会有局促感。

舒适的 15 平方米

开间为3.6米，进深为4.2米，可以迎电视入室，这已经成为卧室，尤其是主卧室设计的潮流。入睡前拥着被窝看电视，是比在客厅正襟危坐更为舒适的享受。因此，除去床长2米、走道0.8米、墙体中缝约0.2米之外，还应增加0.6米厚的电视桌，这样开间就要增大到3.6米。当然，若摆放平板电视，电视桌可以窄一些，甚至可以去掉，将电视直接挂在墙上，余出的宽度增加到走道中。由于进深加大到4.2米，除去基本的床、床头柜和衣柜外，还可以增加1.2米长的小型书桌或梳妆台，当然，也可以换个1.8米的大床。总之，15平方米的卧室要舒适一些。

实例1：北京高碑店北花园居住小区

设计单位：北京奥兰斯特建筑工程设计有限责任公司

位于北京市朝阳区高碑店乡、三间房乡。紧邻轨道交通和京通路。该楼为连体板塔楼的边单元，2梯5户，两套三居室，一套两居室，一套一居室。楼面对称设计，结构比较平衡，但部分空间采光、通风较差。

01、04户型整体格局不错，南侧两个卧室的开间为3.3米和3.05米，进深控制到从容地放置卧室三件套，而北次卧开间虽为3.3米，但进深有些局促，放置双人床后，衣柜和床头柜比较拥挤。02户型主卧虽然达到3.6米，但和客厅都为半采光，舒适度偏低。另外，03户型的厨房没有窗户，设计存在缺憾。

改造重点：电梯偏转90°，减少交通通道占用面积，同时加大02户型进深。南侧楼体开槽，使03户型厨房通风，变成明厨，同时也解决02户型次卧和厨房的通风。这样，01户型的起居室和主卧变成整开间，餐厅和客厅位置对调。

01、04户型，卫生间变成干湿分离，洗衣间设置在次卧门口，餐厅适当围合，增加稳定性。02户型，将次卧和厨房设置到开槽内，将主卧和起居室由半采光变成全采光，对调餐厅和客厅。03户型，起居室和卧室位置对调，加大起居室的面积，同时厨房也加大面积，并增加采光窗户。

改造后各项指标都得到了提升，唯有02户型中的次卧采用开槽采光，舒适度有所降低，并且两户厨房有互视，但换来了主卧和客厅的全采光。

改前

政策房的设计与改造　户型格局篇

卧室的主次

卧室有主有次

在两居室以上的户型中，卧室必然有主有次，也就是一个主卧室和若干个次卧室。通常来说，主卧室的面积较之次卧室要大一些，有的还配有独立卫生间、衣帽间和休闲阳台，并且占据着居室中比较好的位置，像阳光面、景观面等。

若您与父母同住或子女年龄较大时，还可以选择有"次主卧"配置的住宅，也就是说，次主卧也带有卫生间甚至休闲阳台，只是面积略小于主卧。设立次主卧的目的一是满足老人或者孩子居住方便的需要，二是作为客房也显示出档次，这一点在高档住宅中会时有显现，而政策房中难以见到。

主卧、次主卧、次卧的分立，使老、中、小三代人在空间上有了更强的独立性，减少了家庭活动时成员之间的交叉干扰，保证了生活的私密性。同时，也极大地满足了一些购房者的心理需求：拥有自己的房产，是事业成功的标志之一，而独立、舒适、个性的主卧、次主卧正是尊贵身份的重要体现。

重要的是配备几卫或几浴

目前国内的政策性住宅，单卫已比较普遍，但达到两卫以上的却屈指可数。而西方发达国家，人们说起房子来，除了几室几厅外，很重要的就是几卫或几浴，因为他们通常各用各的，父母子女分开使用，有的甚至夫妇也各有自己的卫生间。拥有多卫虽然占用了居室的面积，但却大大提高了舒适度，是未来住宅发展的方向。目前对于以保障基本居住需求的政策房来说，两卫各带淋浴间则是三居以上户型需要考虑的。

改后

实例2：北京大红门回迁房

设计单位：北京市丰台设计所／航天部七院

位于北京市丰台区南四环以南、南中轴路东侧的大红门地区。该住宅为板塔楼，2梯4户，二室二厅二卫两套，二室一厅一卫两套，对称式布局。楼梯厅采用双电梯明厅设置，非常通透，空间利用率也较高。

A户型为板楼结构，进深短，开间大，功能分区细致，采用双卫配置，舒适度较高。B户型为塔楼结构，开间小，两个卧室在一个采光面的轴上，前面的对后面有遮挡，并且单卫设计，舒适度不及A户型。同时B户型起居室开间偏窄，进深也偏短，餐厅空间局促，最主要的是出入主卧要穿过客厅电视墙，动静干扰很大。

改造重点：重点调整B户型，将楼体南侧中部开槽，解决次卧和厨房采光，同时将客厅部分借用邻近户型起居室开间，加大尺度，并适当延长餐厅进深，使空间配比更为舒适。

改造后B户型客厅开间加大，采光角度也放宽，增加了明亮度。同时，厨房加大了尺度，并且门移到上端避免了对客厅的干扰。

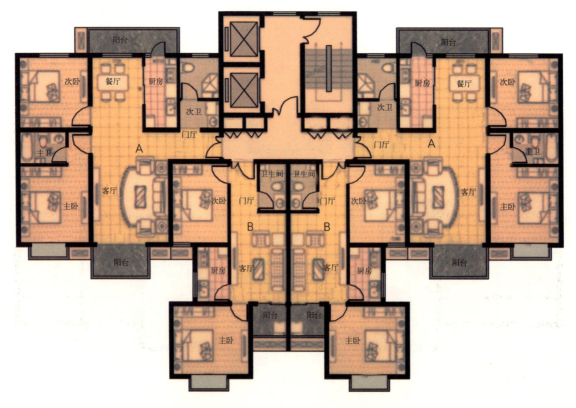

改前

设计提示

注意窗户的开设

卧室是生活中很重要的居室，而窗户是连接户外采光、通风的重要通道，因此，拥有什么样的样式和尺度，直接关系到居住者的健康。

在窗户的样式上，尽可能设计平开窗，一方面是密闭性较之推拉窗要好，另一方面是可以避免推拉窗窗框位于中间阻隔视线的弊端。现代住宅在窗户上流行的是"大玻璃，小开窗"的分割形式，除了刻意追求古典风格的设计外，窗框少一些，可以使观景更为充分。

在窗户的尺度上，朝阳的面尽可能设计采光角度大一些的飘窗或角窗，以保证阳光的充沛、视角的开阔。主要卧室应尽量朝阳，使其具有较高的舒适度。当然，南方地区因为日照充分，可以不必考虑阳光，但应尽量避免西晒。北方地区采光面的优劣依次为：南、东南、西南、东、西、东北、西北、北。

另外，还要注意此家的窗户是否与邻居的窗户互视，不然总是挂着窗帘也挺别扭的。

注意动静的私密

卧室对动区的私密。卧室应处于与入户门、客厅相对分离的位置，避免直对客厅。如果客人前往客厅还要经过卧室的话，对主客双方来说多少有些不便。因此，应将"前厅后卧"视为一种典型的户型结构。

卧室对静区的私密。主卧应尽量拥有主卫生间、衣帽间和休闲阳台，保持就寝的独立。作为家庭居室时，满足了两代人保护各自隐私的需要，使大人和小孩各有各的生活空间；而作为客房时，主人与客人的卧室相对独立，互不干扰。

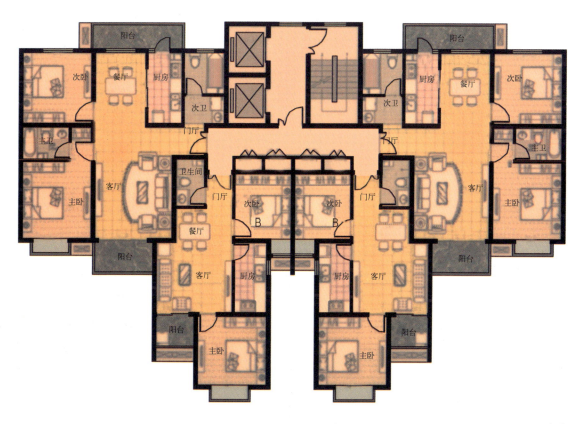

改后

实例3：北京西城区对接安置住房

设计单位：北京市建筑设计研究院／北京墨臣建筑设计事务所

位于北京市昌平区回龙观村，毗邻海淀区西二旗村，轻轨13号线龙泽站和西二旗站与社区相接。该楼由两个2梯3户单元组成，为两套三室二厅一卫和一套一室二厅一卫户型组成，中间H、G户型相互咬合，两个单元楼梯厅向北突出过多，横跨的连廊跨度也显得过大。

F户型因楼体从平衡设计考虑，北外墙呈阶梯状，有些凌乱。E户型起居室为半采光，同时卧室门置于里侧，出入产生动静干扰。H、G户型的咬合设计，使卧室交通曲折并占用空间较多。

改造重点：电梯厅下移，缩短楼体总进深。

F户型，北墙取直并整体下移，保持楼面平衡。E户型，户型开间加宽，起居保持整开间并下移，使客厅位于里侧，保持稳定。H、G户型按照标准板楼的两南三北设计，对称布局，去掉咬合。

起居室应尽量保持整开间，充分采光。同时户型规矩布局后，通风更好，交通便捷。更重要的是，楼座进深减少2.4米。

改前

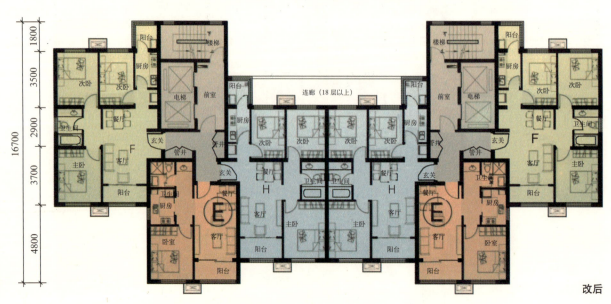

改后

政策房的起居空间

虽然传统的称谓和习惯突出了卧室的重要性，但实际上，现代住宅逐渐形成了以起居室为核心的结构样式，起居室在所有居室中不仅面积最大，而且处于交通中枢，起着联系各个居室的重要作用。

起居室是家庭活动的中心，既要摆放多种家具，满足不同家庭活动的需要，又要留出空间彰显气派，所以相对大的面积显得非常必要。

起居室又是联系各个空间的重要中枢，这不单单是家庭活动的承转起合都要靠起居空间维系，还因为住宅的设计必须有公共空间沟通各个独立空间，因此占据何种位置显得非常关键。

起居室包括：门厅、客厅和餐厅。

起居的分类

门厅是户型的脸面

门厅也叫"玄关"，这个称呼来自于日本，是入户的过渡空间，因为日本人进屋后要先换上拖鞋和和服，才好在榻榻米上坐卧。玄是深奥的意思，入户时要有一个缓冲的空间，既可以换换衣物和鞋，不至于把外面的尘土带进屋，又避免一览无余，使坐在客厅的人不自在。

利用门厅的顶部做成吊顶或吊柜，适当压低该处的空间高度，进门先抑后扬，可以感受空间变化的情趣，同时也使客厅趋于完整。经过空间由低到高，面积由小到大，光线由弱到强的变化，使人的心理上有个过渡，而非直接"登堂入室"。之所以称其为"脸面"，是因为门厅的设计装饰往往浓缩了整个户型装修的精髓。目前很多户型为节约空间，将起居室设计为"开门见餐"或"开门见客"，缺少了"曲径通幽"、"循序渐进"的感觉。因此，在条件许可的情况下，尽可能选择或装修出门厅来。

门厅的面积一般为 2～4 平方米，并配有衣柜和鞋柜。有些户型是将居室入户大门后的过道定为门厅，要注意过道的宽度是否能放置衣柜或鞋柜，否则就只能是简单的"过渡空间"，而非门厅。

餐厅是户型的脖颈

餐厅目前有几类：一是和门厅共用，一是和客厅共用，还有就是独立餐厅。前两者更多地是为了有效利用居室面积，但其结果往往是处于户型的灰色空间中，采光并不是很好，同时在就餐时会受到来自其他功能空间的干扰，但因为政策房面积通常有限，所以比较多的采用。而独立餐厅，尤其是带窗户的"明餐厅"，则避免了上述缺点，但同时也占据了户型内的一个采光面，牺牲了一个卧室的空间。

说是"脖颈"，是因为餐厅很多时候处于各功能区的结合部，起着连接沟通的作用。比如：餐厅尽可能和厨房、公共卫生间集中在一起，上菜、如厕都会方便一些；餐厅一定要在户型的外侧，与静区的卧室分开，避免产生干扰；餐厅和客厅共用时必须设在厨房一端，不然总是横穿看电视的区域，是件尴尬的事。

餐厅面积一般 5～10 平方米，可放置餐桌、餐椅和配餐台等。

实例4：北京通州区轻轨L2线两站一街定向安置房

设计单位：北京中联环建文建筑设计有限公司

位于北京市通州区台湖镇次渠地区。该楼为连体板塔楼，此边单元2梯3户，1套二居室，2套一居室。楼体南侧结构墙不整齐，不但建筑成本增加，立面美观度也受影响。另外电梯上端的结构墙到C户型时有折角。

B户型南北向采光，优势是起居部分比较宽大；C户型三面采光，户型通透，但起居部分的客厅和餐厅拥挤；D户型比较紧凑，同样是起居部分的客厅和餐厅拥挤。

改造重点：C户型整体上移，中间结构墙与电梯结构墙取齐，北侧结构墙与楼梯取齐。改造后楼层总建筑面积并没实质增加，但建筑使用率提高了，并且各户型的空间配比更为均衡，实用率也相应提高。

B户型，减少B户型空间转换面积，稍微增大起居室开间，缩小主卧开间。D户型，增大起居部分。C户型，加深起居部分。

改造后，B户型总面积变动不大，但起居室增加了进深，D户型空间尺度合理，增加了餐厅，而C户型起居室扩大，餐厅和客厅变得宽松一些。

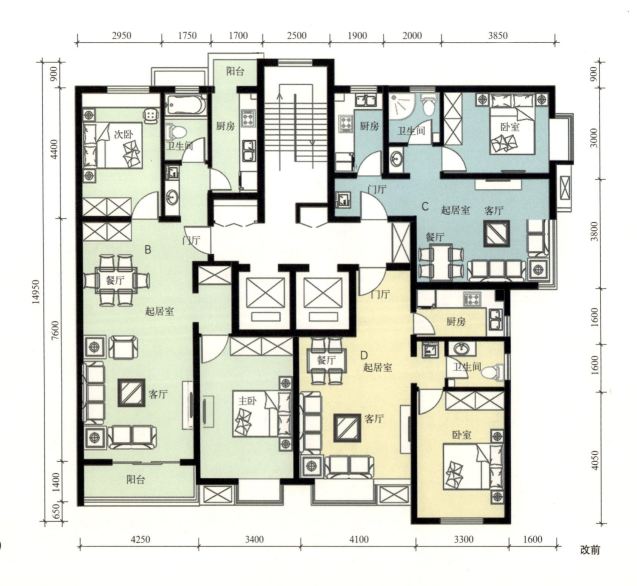

改前

客厅是户型的躯干

客厅是户型的中枢,相当于人体的躯干,也是户型中最大、最重要的居室,常常处于户型的核心位置,并与其他空间联系紧密。

客厅是全家的活动中心,是生活的重心所在,一般都占据着重要的采光、观景面。

客厅的开间很重要,现代家庭中的电视已经是29英寸以上,按照测算,人体与彩电之间的距离,应相当彩电屏幕宽度的7倍以上,所以通常为3.0米、3.3米、3.6米、4.2米等,过宽过窄都会与人的家居生活规律产生冲突。在通常情况下,开间与进深比不宜超过1:2,否则由于过于狭长影响使用。

客厅墙面尽量少开门,通常在与窗户夹角的两个侧墙面要保持3米以上连贯的"双平行线",一方面有利于摆放电视机、沙发和家具,另一方面也可避免穿堂现象。客厅一圈有几道门,每道门朝向何方,是优劣的关键,因为门越多则空间利用率越低,而门朝向哪里又决定了使用的方便与否。比较理想的客厅是,整个空间十分独立,除了入口和阳台的推拉门外,无任何房门,使其几乎不受任何干扰。

如果是独立客厅,面积可以小一些,如果是与餐厅、门厅合一的,则尽可能大一些,但最好要方正,明亮通透,有很好的视野。客厅的面积一般在16~25平方米之间,本着实用的原则,增大减小都要兼顾与其他居室面积的均好性,以保持整体户型的面积比例和谐,否则将影响生活的品质。

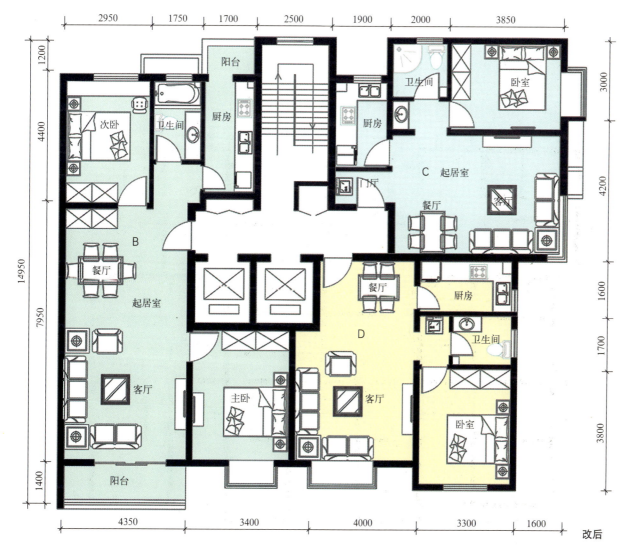

改后

实例5：北京门头沟区采空棚户区改造石门营定向安置房

设计单位：佳利德建筑有限公司

位于北京市门头沟区永定镇石门营村浅山区坡地。该住宅为2梯6户塔楼，对称布局，全部为60～62平方米的两居室。户型都比较规整，除H3户型起居室为半采光外，其余居室借助窄面宽、短进深的楼体获得了不错的采光和通风。

户型中面积配比整体不错，尤其是6个套型面积十分接近，非常难得。存在问题是：H1户型主卧偏长，但客厅和餐厅被有效分开；H2户型餐厅和客厅错位，面积被分割；H3户型客厅和餐厅横向设置，动静交叉干扰并半采光。

改造重点：楼面整体不变，只是南侧开槽收紧，以加大H3户型总开间。同时微调各居室的开间和进深，使各套型中的主要空间的尺度接近或一致。

H1户型，厨房开间缩小，客厅开间加大。在这类相同面积套型集中的楼，使该户型与其他户型开间和面积指标接近。H2户型，加大客厅开间，并将卫生间和门厅对调，使餐厅和客厅合为一体，空间非常大气。H3户型，对调卧室和起居室，并加大户型总开间，使客厅处在窗前直接全采光，避免交叉干扰。大门缩进后，与加宽的户型总开间增大的面积抵消，总面积相差不大。

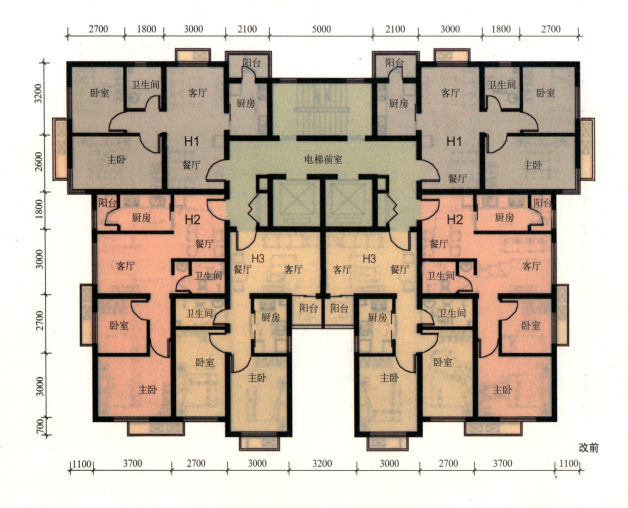

改前

起居的联系

交通通道是关键

起居室相当于交通枢纽，起着联系卧室、厨房、卫生间、阳台等空间的作用。因此，在和各居室的联系中，交通通道的布局显得非常关键，既关系到各空间转换的便利与否，又考验着居室面积的有效使用程度。因此，看一个起居室的设置是否合理，重要的是看与其联系的交通通道，除了无法放置家具的显性交通通道外，更多的是设置在家具之间的隐性交通通道，而这些是决定一套居室有效使用率的关键。

动静分离是标志

动静分离是住宅舒适度的标志之一。像客厅、门厅、餐厅、厨房、次卫生间等都属于动区，人们出入、活动比较频繁，而卧室、书房、主卫生间等属于静区，相对比较安静。

现代住宅在动静处理上，一方面是"动更动，静更静"，比如：动区中的客厅和餐厅、门厅错落分开，不在同一直线上；地面抬高或降低几十厘米，造成落差，使起居室的布局更加活泼；客厅带休闲阳台，餐厅带服务阳台，使功能更为集中；而静区中的卧室除了卫生间、衣帽间、阳台外，有些还增加了书房甚至家庭起居室等，使一般家庭活动不用到静区中。

另一方面是动静分离更为明显，甚至只有一条交通通道联系两个区域，像跃层、错层和复式住宅，一般下层为动区，上层为静区，楼梯是联系两个区域的交通通道。

在上述动静分离中，起居室的设置起着至关重要的作用。除了起居室与卧室保持一定的距离外，起居室中的客厅和餐厅既相对独立又不完全分开，采用错开或隔断，使功能分区更加细致。客厅应避免与厨房相连，以防污染和噪声，同时还要避免与卫生间的门直对。

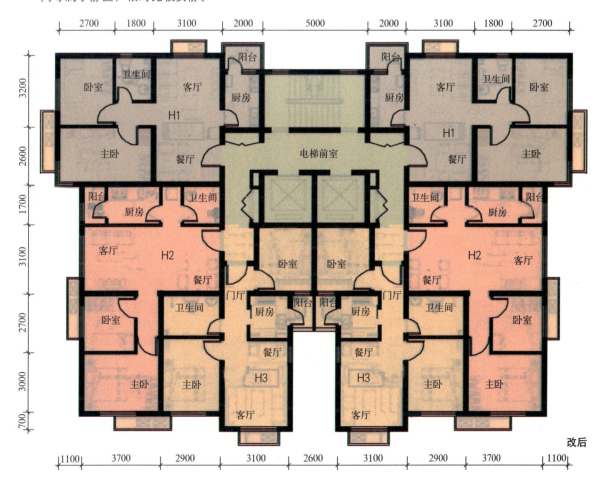

改后

实例6：北京门头沟采空棚户区改造石泉砖厂地块定向安置房

设计单位：中国国际工程咨询公司

位于北京市门头沟北部采空棚户区内。该住宅为连体板塔楼，每单元1梯4户，均为60～63平方米的两居室，对称布局。主要问题：D户型两个主卧室结构凸出过多；C户型两个卧室的内结构墙错位仅20厘米，没有意义，应该取直。

户型均好性不错，尺度比较合理，其中C户型两个卧室和起居室间的垭口明确分离动静区，而D户型则因主卧门开在客厅里侧，造成了交叉干扰。可以调整的是：缩短楼体总进深；缩小卧室，加大起居室，减少交叉干扰。

改造重点：缩小户型总进深，取齐南侧外墙。

D户型，扩大起居室进深，并缩小主卧进深，改开门在客厅外侧，缩短交通动线。C户型，取齐两个卧室的内结构墙，缩小两个卧室，扩大卫生间，同时独立餐厅，避免阻碍交通线。

调整的结果：一是缩短了楼座总进深0.9米；二是平整了南侧外墙，降低了成本；三是缩小了主卧并扩大了起居室，户型总面积变化不大，四是交通动线都变得便捷。

次起居的打造

次起居是住宅的新宠

近些年，人们对住宅的消费逐渐从共性走向个性，但真正能满足个性化消费的是除去原有包括起居室和餐厅的主起居空间外，衍生出的次起居空间，包括：由会客厅、书房、计算机房等组成的工作空间；由健身房、阳光室、咖啡茶座等组成的休闲空间；由视听室、琴房、棋牌室组成的娱乐空间等。从这点上看，住宅已不是人们传统意义上避风挡雨的处所，而是精神需求的物质载体，是自我价值观的一种体现。因此，在安排好了基本食宿之后，如何在有限的空间容纳人们无限的需求，就成了未来住宅发展的必然趋势。

模糊化是发展的趋势

随着人们对住宅功能细分的要求不断增加，为了在有限的空间中满足日益增长的需求，次起

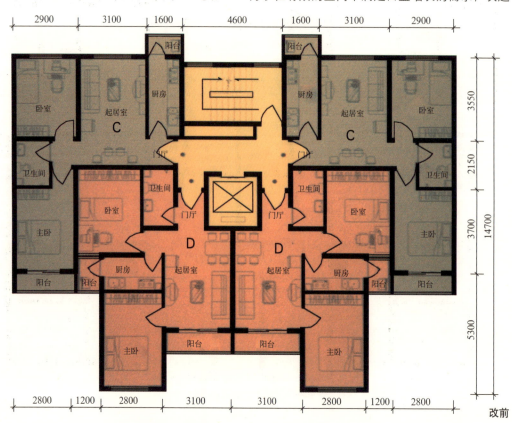

改前

居空间的功能分区逐渐朝着模糊化方向发展。

模糊空间是指没有明确使用功能和界限的家居空间，分为模糊功能空间和模糊居室空间。前者是让同一空间在不同时段承担不同的功能，采用象征性隔断，使同一空间在不同视角呈现出不同功能。后者是利用户型中各功能分区交叉或者难以安排的位置进行设置，以方便更换。它们一般是多元化的，或者是书房、计算机室所形成的工作空间，或者是健身、咖啡茶座、棋艺所形成的休闲娱乐空间。

模糊并不简单地等同于混杂，前者将不同类型的功能集合在一个空间里，是较低级的居住模式，而后者是将同类型的功能相对集中，但分区模糊，使此空间和彼空间产生若即若离的联系，在有限的空间中尽可能多地容纳进无限的需求，是较高级的居住模式。

设计提示

注意居室面积的均好

均好性是户型匀称的标志，这一点，对于占了户型中主要面积的起居室显得非常重要。

目前，国内基本延续了香港住宅"大厅小卧"的模式，而北方地区，在卧室的面积上进行了适当的放大。

在动区和静区的比例上，有个简单的算法：

三居室大致五五开；两居室大致六四开；一居室大致七三开。

而动区中起居室与厨房、次卫等其他空间大致七三开；或者独立客厅与餐厅、厨房、次卫等其他空间大致四六开。

注意功能布局的可变

住宅的使用期限通常为50～70年，设计的户型尽量可以在不同年龄阶段、不同家庭结构期间，合理地根据住户的不同需求喜好进行改造和装修，这一点，对于占据最大开间、最大面积的起居室显得非常重要。比如画家，生活中最主要的活动是绘画，而会客和看电视成了次要活动，因此，将起居室根据需要改成一个大画室成了居室装修的核心。

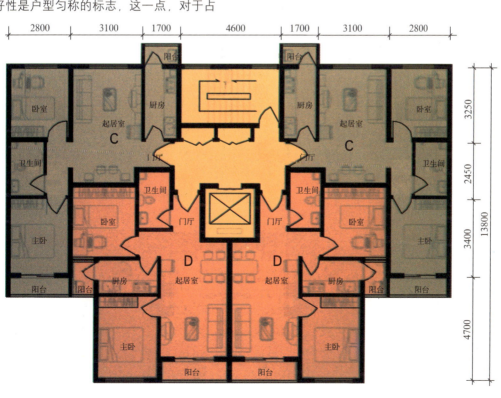

改后

实例7：北京顺义区牛栏山半壁店住宅小区

设计单位：中国对外建设总公司城市规划设计院／圣地国际建筑工程设计有限公司

位于北京顺义新城牛栏山组团，即新城第17街区内。该住宅为2～4单元的连体板塔楼，每个单元1梯3户，一居、二居、三居各一套，其中三居为板楼结构，一居为塔楼结构，二居虽为板楼结构，但四个空间叠加，进深较大，南北不够通透。

C1户型为三室一厅一卫，南北非常通透，动静分区合理，缺憾是虽然起居空间面积不小，但餐厅和客厅挤在一起，使得交通面积偏大，配比失谐，并且主卧进深也稍大。C2户型为一室一厅一卫，全南朝向，存在问题是起居空间采光窗口太小，并且客厅和餐厅因让出入门通道，过于局促。C3户型为二室一厅一卫，三面采光，非常明亮，但不足是主卧开间偏大，门厅松散，而起居空间偏挤。

改造重点：调整楼梯间的电梯，取直纵向结构墙，并拉直北侧结构墙，同时缩短C3户型进深，保证南北通透的同时，使楼体布局对称，避免犬牙交错。

C1户型增加主卫，既使卧室开间和进深比例合理，又增加了功能居室，提高了舒适度，并且餐厅和客厅分离，使交通动线穿插在餐厅和客厅之间，有效地利用了空间。C2户型增大总开间，使起居空间直接全采光，餐厅和客厅也有效分离。起居室是重要的居室，采光非常重要，而厨房是次要居室，可以局部采光。由于餐厅和客厅的分离，并且直接全采光，一室一厅一卫变成了一室二厅一卫。C3户型将卫生间调整到北侧，缩小主卧开间的同时，加大起居空间的面积，分离餐厅和客厅，使三室一厅一卫的户型变成了三室二厅二卫。

这些户型缩小主卧，扩大起居室，不仅使均好性更为合理，解决了餐厅和客厅分离的同时，延长了原本局促的电视墙。更重要的是，楼体的整体布局，也变得对称，使结构墙横平竖直。

改前

改后

政策房的厨卫空间

厨房和卫生间是体现一个家庭生活质量高低的关键场所，又是住宅科技体现得非常集中的地方。

比如厨房，日常生活中的很多时光要在其中度过；又比如卫生间，洁具的配置直接影响舒适度。

现代白色家电种类繁多，像冰箱、抽油烟机、燃气灶、电烤箱、洗碗机、消毒柜、微波炉、咖啡机、烤面包机、饮水机、电水壶、电饭煲、电沙锅等，基本都集中在厨房，这些器具摆放的合理与否，直接影响着操作动线。

卫生间虽然只有洗手盆、坐便器、浴缸或淋浴间的"洁具三件套"，有时还会加上洗衣机、洁身器等，但位置设计合理与否，器具品质如何，装修水平如何，也会影响着生活质量。

因此，这两个部位的优劣对户型的档次有着重要的影响。

厨卫的尺度

厨房大于4平方米

厨房的基本功能是炒菜做饭，我国《住宅设计规范》中规定，厨房的最小面积为4平方米，小于这个数值，室内的热量聚集就会过大，人待着就会不舒服。4平方米，中式厨房的最低限度，而7平方米以上，则是厨房舒适度提高的标志。

一般来说，单排操作净宽不小于1.5米，双排操作净宽不小于2.1米，而操作线要大于2.1米。这一数值是以人的活动需要0.9米而设定的，假定目前的橱柜宽度为0.6米，单排橱柜的厨房净宽就应大于1.5米，同样，双排应大于2.1米。而操作线除去炉灶、洗碗池外，必须保证0.5米以上的操作台面，这样才能使厨房正常工作，而西式厨房，操作线还应加大许多。从现阶段政策房的习惯和需求来说，4～6平方米基本上合适，两三个人在里面可以转得开，包包饺子、炒炒菜，其乐融融。

现代设计认为，厨房是家庭主妇每天工作时间最多的地方，理应大一些，其地位应等同于主卧。一个8平方米以上的厨房，不仅可以做饭、设置早餐桌，还可以分隔出中西厨房，单设炒菜间。如果将冰箱、烤箱、洗碗机、消毒柜、洗衣机等白色家电布置进来，就可以使厨房成为家庭饮食中心，带来丰富的生活气息。

卫生间大于3平方米

卫生间的基本功能是如厕和洗浴，个别还加进了洗衣功能。一般来说，卫生间主要摆放洁具三件套，即洗手盆、坐便器和浴缸或淋浴间，因此应大于3平方米，否则人在里面转动起来就会不方便。

通常130平方米以上的三居室，可以有两个卫生间：主卫生间5平方米左右，可以从容地安排洗手台、坐便器、浴缸；次卫生间4平方米左右，可以放置洗手盆、坐便器和淋浴间。

目前卫生间面积多在3～5平方米左右，有些设计将面积提高到5～7平方米甚至更多，其中不仅能放下浴缸、淋浴间、坐便器什么的，还可以将洗手台换成双人的，这样，卫生间就成了舒适的家庭服务场所。

实例 8：北京东泽园二室一厅一卫的二居户型

设计单位：北京华茂中天建筑设计有限公司

位于北京市朝阳区东坝乡驹子房路。户型为板塔楼塔楼部分的全南朝向，采光不错，通风不好。两个半开间中分配居室的布局应该是主卧全采光，次卧半采光，但该户型正好相反，把小居室放到了光线充足的外侧，并且只能门开在客厅里侧，造成动静干扰。另外，厨房的"刀把"形设计，使得操作背向采光面，卫生间洁具过多，空间局促等，都是弊端。

改造重点：调整主卧；改造次卧；重新布局厨房；设置洗衣间。

先是将次卧上墙上移，变成主卧，将主卧门改在上端，避免出入干扰客厅。然后厨房上移并取直，保证操作光线充足。接着把原主卧横向展开，改成次卧，门旁设置洗衣间。最后卫生间淋浴改浴缸。

改造后因窗户收缩，户型面积缩小了一点点，但厨房和卧室空间方正，动线便捷，主次合理，同时卫生间也因洗衣间分出独立，改成了浴缸，提高了舒适度。

厨卫的形状

操作动线是核心

在挑选厨房时，不仅要看面积大小，更多的是要考虑厨具的布置，这关系到日后使用的便利性。

厨房的操作流程一般是存放、洗涤、切削、备餐、烹饪。需要的设备也分为储藏类：冰箱、橱柜；洗涤类：洗涤槽、洗碗机、消毒柜；加工类：烤箱、微波炉、电饭煲、电炉、燃气灶、抽油烟机；等等。

常见的厨房布局有：一字形、L 形、U 形、双排等。

一字形是连续布置器具，对于操作流程来说，实际上不见得方便，尤其是两人以上备餐，会产生交叉。但这种布置的优点是节省面宽，最窄可以到 1.5 米。

L 形布置会好一些，可以把灶具或操作台甩在一边，而且对面宽的要求也不会明显增大，1.5 米以上即可，开门也灵活得多，长短边均可。其优势是在同等面积下，可以缩短操作动线。如果

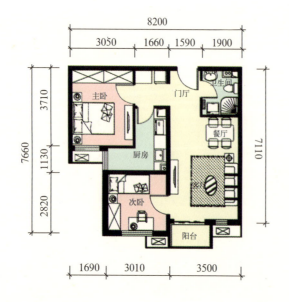

改前

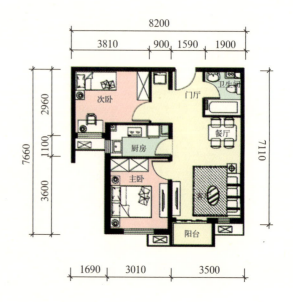

改后

面积足够大，早餐台和洗衣机都可以放下。

U形布置是最好的方式，能够容纳多人，操作动线更为合理，但厨房面积也要加大，开门的位置只能是一个方向，一般来说，这种方式没有阳台。

双排布置和U形相似，只是因为开阳台门，而将厨具分成两排。

比较大的户型中，厨房也相应地加大，有些户型为了适应西式厨房的需要，干脆将厨房打开，并和餐厅连在一起，这样做的好处是整个就餐空间显得宽敞明亮，但中餐多油烟的状况要注意避免。因此，结合两者的中西分厨应运而生，即炒菜间封闭，操作台开放，满足了不同的需要。

洁具摆放是关键

卫生间虽然面积不大，但洁具的摆放合理与否对空间的有效使用影响很大。一般来说，下排式坐便器的下水口固定了坐便器的位置，轻易不能改变，所能调整的就是洗手台和浴缸及淋浴间。因此，在设计卫生间时要仔细计算，尽可能将到达各洁具的交通通道留在中间，使其共用。

干湿分离是卫生间一种新的形式，一般是设计成里外间，也就是把淋浴、坐便器和洗手台分离，或者把淋浴、浴缸和坐便器、洗手台分离，减少洁具使用过程中的相互影响。

实例9：北京东泽园三室二厅一卫的三居户型

设计单位：北京华茂中天建筑设计有限公司

户型为板塔楼板楼部分的板楼南北户型，三面采光，通风也不错。由于右次卧门的开设朝下，干扰了餐厅，使其放在了大门通道处，很不方便。同时，卫生间洗手台和坐便器设置在一侧，相互有些干扰；厨房虽然为"L"形操作台，但冰箱只能放在厨房外，使用有些不便。

改造重点：改开右次卧门；扩大厨房，改开厨房门；延长沙发墙，扩大客厅；调整卫生间洁具。

先是将右次卧门改开在左面。然后左移厨房左墙，改开厨房门朝门厅。其次调整餐厅，保持稳定。接着延长沙发墙，右移左次卧门。最后将卫生间洁具调整。

改变开门是为了组织好户内的交通动线，这样才能使各个区域稳定。改变洁具摆放是为了使开门、坐便器、淋浴和洗手台共用入门后的空间，并相互独立。

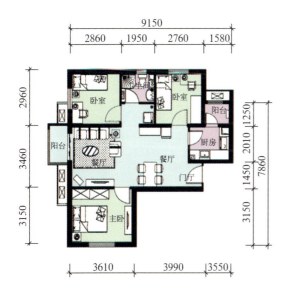

改前

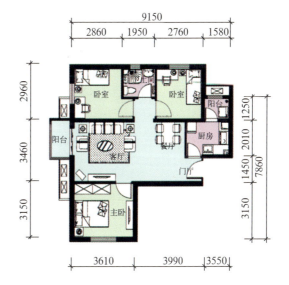

改后

厨卫的位置

厨房要靠近户的外侧

厨房的位置往往影响着主人的生活：有的人在家做饭的机会不多，厨房仅仅担当热饭烧水的职能；有的人全家经常聚在一起，厨房餐厅成了情感交流的中心；也有的人雇了保姆，希望厨房离卧室越远越好。因此，在挑选户型时，一定要结合实际，考虑好厨房和其他部分的关系。

厨房和门厅。厨房是家居生活中主要的污染源，油烟、噪声、垃圾和污水等集中于此，原则上离户门越近越好，这样刚买的肉菜和清理出来的生活垃圾才可以尽量少地影响室内卫生。同时，作为动区的厨房和餐厅靠近户的外侧，也可以减少对静区的卧室产生干扰。

厨房和餐厅。厨房和餐厅的关系是最为密切的，相互之间最好紧紧相连，甚至打通成一片，便于烹饪和用餐及时交流，洋溢出舒适的生活情趣。一些大一点的厨房还设置早餐室，这在欧美国家十分普遍。

厨房和阳台。厨房要宽敞、明快一些，这样会使主妇的劳动变得富有情趣。天然采光是十分必要的，不仅能节约电力能源，而且是自然界细菌的杀手。有很多人认为厨房不必有阳台，觉得为这些面积花钱不值得，实际上，有一个2平方米左右的服务阳台，临时放置蔬菜、肉类和杂物也是比较实用的。

厨房和保姆房。雇保姆的家庭往往需要一间保姆房，通常的设计是将其安排在厨房的附近，面积在4平方米左右，以能放下单人床和床头柜为宜。

厨房和卫生间。厨房和卫生间是各种管道的集中地，因此从施工成本、能源利用，以及热水器安装等方面考虑，厨房和卫生间应尽可能地相邻。

卫生间要使用方便

卫生间是家庭成员及来客经常光顾的地方，要做到设置合理、使用方便。主卫生间必须在主卧之内，这样主人的沐浴、更衣都比较方便；次卫生间要尽可能地位于几个居室中间，这样大家使用起来都会很方便。有几点需要注意：

卫生间的门不要对着大门，如无法避免，也要想法错开，不然一开大门便瞅见如厕的举动，多少有些不雅；

卫生间的门尽量不对着餐厅，里面的气味会影响正常的食欲；

卫生间的门也最好不要正对着客厅，家里人出入的一举一动闯入来客的眼帘，总是有些尴尬；

卫生间也不能安排在下层住宅的客厅、卧室之上，哗哗的流水声会对日常生活产生干扰。

实例10：北京丰台区南苑镇棚户区改造房

设计单位：北京市弘都城市规划建筑设计院

位于北京市丰台区南苑镇西红门路南，槐房西路以东。户型为无电梯简易板塔楼：A户型为板楼部分的南北户型，通风不错；B户型为全南的塔楼户型，采光良好。两户型均为大开间一居室，楼面总体比较平衡，但结构墙有些凌乱，并且户型空间有所分割，没能互相借用。在面积局促的情况下，卫生间洗手台应和坐便器对调，一方面便于安装镜子，另一方面可以避免坐便器与淋浴拥挤。

A户型一室一卫大开间，格局方正，门厅与居室错落，面积有点浪费，并且厨房下端结构墙与楼道结构墙有点错位。B户型一室一卫大开间，格局同样方正，但冰箱间与居室错落，面积也有点浪费。

改造重点：上移A户型厨房下墙，与整体横向结构墙取齐；对调B户型厨房和居室；对调卫生间洗手台和坐便器。

A户型厨房下墙上移，取齐结构墙。

B户型对调厨房和居室，使卫生间和厨房取齐，共用管线。厨房改成"L"形操作台，放入冰箱。

两户型对调卫生间洗手台和坐便器。

面积有限的情况下，各空间要化零为整，面积互相借势。厨房尽量延长操作台面，卫生间应合理布局洁具。

政策房的设计与改造　户型格局篇

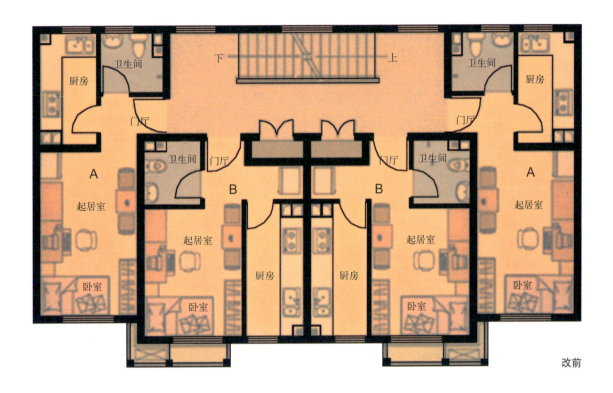

改前

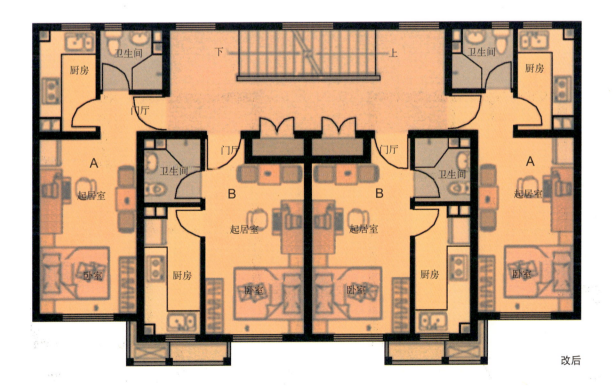

改后

21

设计提示

瞅瞅交通动线

厨房是每天阶段性活动频繁的区域,一是要注意内部橱柜和厨具的操作动线,二是要注意到达其他相关空间的交通动线,这两者都要尽可能地流线合理并且减少交叉。

卫生间同样也要注意交通动线,既要注意内部洁具摆放的位置是否方便使用,又要注意与其他居室的距离是否便捷,尤其是次卫,与次卧的距离不能太长,不然夜间如厕会有很多不便。

瞅瞅通风采光

厨房是居室中重要的油烟污染源,通风非常重要。一般来说,厨房门与窗或阳台门不能安排在同一侧,以免空气流通不畅。对于没有通风窗的厨房,只能采用电磁炉灶配大功率抽油烟机,以避免煤气或天然气的污染。

卫生间既潮湿、易有异味,也容易孳生细菌、病毒,因而通风非常重要,除了暗卫采用抽风机排放废气外,应尽可能地选择带窗户的明卫,这样不仅通风良好,采光也十分充分,既节约了电能,又可以在其中晾晒一些小衣物。

实例11:北京丰台晓月苑六组团7-2户型

设计单位:北京凯帝克建筑设计有限公司

位于北京市丰台区晓月苑地区,由老庄子路、卢铁西侧路、阀门厂东路三条围合而成。一室一卫大开间的7-2户型,为塔楼的东南北、西南户型。

卧区和起居区占用了一个半开间,但床的摆放直接对着光线,影响睡眠,同时交通动线要绕过沙发,很不方便并产生交叉干扰。可以在楼体缩短总开间的情况下适当增加该户型的开间,充分利用南侧采光面增设窗户,改成一室一厅。

改造重点:调整户型,缩短楼体总进深;增加总开间,隔出独立卧室;卫生间调整到卧室上侧,变成明卫。

一是隔出独立卧室。二是起居室南侧开窗,并增设餐桌。三是厨房横向设置。四是卫生间调整到卧室上端。

户型总面积基本不变,但功能分区变细致,大开间变成了一室一厅,采光、通风充沛,同时各空间的交通动线也很便捷。

改前

改后

政策房的服务空间

服务空间是居室中的次要空间，有些是主要居室的补充空间，有些是调节情趣的休闲空间，也有些是建筑设计的填充空间。

在户型布局上，服务空间对大面积的居室既是画龙点睛，又起着补充、缓冲和填充的作用，因此所处的位置往往差异较大。

在居住使用上，服务空间是提高生活质量、增强户型功能的重要补充，但同时，它的大小也对户型的均好性起着重要的作用。

在住宅价值上，服务空间具有和居住空间同样的购买价格，控制其比例，使购房款更多地用在重要的居室上，做到财尽其用。

因此，服务空间的取舍显得至关重要。

服务空间包括：阳台、储藏间、管道间和交通通道。

多种阳台的设置

阳台和日常生活密不可分，人们可以随时到户外活动、养殖花草，家中的被褥也要经常地晾晒，但应注意到：

阳台的面积恰如其分

阳台习惯称为平台或晒台。从基本功能上分为生活阳台和服务阳台；从建筑形式上分为凸阳台、凹阳台、转角阳台、组合阳台，以及屋顶阳台或露台等；而从封闭程度上又分为开放阳台、封闭阳台和阳光室等。

阳台是供居住者进行室内外活动、晾晒衣物、养植花草、健身休闲等的生活空间，因此在面积上应当恰如其分。同时，阳台也可以与厅相连，成为厅的延伸。

生活阳台一般4～6平方米，放置健身器械、花花草草和休闲坐椅已经足够了，再大就有些累赘，过多地占用室内空间不见得划算。除普通阳台外，目前还流行两种组合阳台：一种是多角或弧形阳光室，侧面为敞开式外阳台，风和日丽，可以到外阳台凭栏远眺，风雨潇潇，则留在阳光室观赏，颇有滋味；另一种是内外双阳台，内侧为大面积落地玻璃，外侧为进深仅几十厘米的敞开式阳台，这样既可以充分享受阳光、美景，又可以最大限度地压缩面积。

服务阳台的主要功能是晾晒和储物，往往在设计上备有水龙头、地漏、电源插座和晾衣架等。这种阳台多数与设备间或者厨房相连接，与卧室等"静区"远离，其内可以放置洗衣机、熨衣板等，形成家政劳动空间，既有良好的通风、采光条件，也避免了洗衣、晾衣弄湿卫生间地面，以及穿堂越室带来的不便。因此，服务阳台的面积应尽可能控制在2～4平方米以内，如果增加洗衣、早餐、炒菜等功能，面积可以适当放大1～2平方米。

阳台的数量不宜过多

阳台的布局有两类方式：一类是强调通风，将两个阳台分置于客厅和餐厅的两端；另一种注重实用，将服务阳台与厨房相连，将卧室与休闲阳台相连。一般来说，一套户型拥有一个生活阳台和一个服务阳台也就足够了，如果居室多的可以再增加一个生活阳台，再多就有蛇足之嫌。

通常，卧室外侧设置阳台会对采光产生遮挡，并且阳台上的悬挂和摆放，对室内的视觉多少会有影响。因此，购买者在选择阳台多的户型时要仔细斟酌。

实例12：北京怀柔育龙小镇经济适用房A单元

设计单位：北京市京旅建筑设计有限责任公司

位于北京市怀柔区雁栖镇陈各庄村西。该住宅为3～5个单元连体板塔楼，A单元1梯3户，其中：A1户型套内建筑面积52.35平方米，板楼结构；A2户型套内建筑面积42.69平方米，塔楼结构；A3户型套内建筑面积65.80平方米，板楼结构。楼面布局整体比较平衡，主要问题是A1户型的厨房的外墙凸出一块，而电梯的外墙凹进一块，结构不够简洁。

A1户型虽为板楼结构，但厨房占用次卧的半个采光面，形成遮挡夹角，同时厨房门设置在客厅里侧，交叉干扰很大。另外，餐厅处在交通动线上，缺乏稳定的区域。A2户型则依据楼体和楼梯厅的调整，适当改变空间比例。A3户型因楼梯厅的调整，增大了起居室和北次卧开间。

改造重点：电梯厅由横向改成纵向排列，让出采光开间给A1户型的厨房，同时A3户型起居室阳台略向内收缩，与A1户型阳台取齐，保持楼面的整体平衡。

A1户型将厨房调整到客厅右侧，保证次卧全面采光的同时，避免与客厅的交叉干扰。另外，大门改开朝上，保证餐厅有稳定的夹角。

A2户型因电梯井的调整，厨房改变成方形。

A3户型增大起居室的开间，保证与其他户型一致，同时也增大北次卧的开间。为避免面积增大，进深略向内收缩。

改造后，不仅动静分离处理得到位，楼座北外墙结构平直，进深也缩短了0.6米。

改前

政策房的设计与改造　户型格局篇

功能空间的取舍

功能空间适可而止

功能空间的设置，有些是锦上添花的神来之笔，有些则是难以处置的建筑死角，是否实用，要根据需要仔细选择设计。

比如储藏间中的储物间，可以容纳家庭中各种杂物或日常用具，如果选用，能使家中保持整洁；而储藏间中的衣帽间，则是提高卧室档次的辅助空间。

像配有独立洗浴间的工人房，最好拥有采光窗口，那种全封闭的储藏间式设计，尽量不予选用。

住宅中各种管线间大都集中在厨卫和户门处，北方比南方地区要多暖气系统。住宅中各种管线大体上包括了水、暖、电气、燃气和通信等五大类，其中水系统又分为上水、下水和消防，在一些公寓中，又增加了热水、直饮水和中水等系统。因此，"设立集中管井，三表出户，隐藏和暗藏各种管道"是现代住宅设计的原则，而管道间就成了户型中必备的空间。设置时具体体现为两个技术原则：自家管道不到邻居家去，各种共用压力干管安装在户外。前者根据产权属性需要避免因管道渗漏等产生邻里矛盾，后者则是为了净化室内的竖向管道，提高厨卫等空间利用率。因此，管线间的布置要注意其合理性。比如：两个卫生间或卫生间和厨房挨在一起，可以共用风道、下水道，上水管的长度也可以减少许多；复式住宅的上下层的卫生间或厨房最好对位，这样既可减少干扰也可使风道、上下水道上下贯通，节约管道间的面积。

面积分配张弛得当

由于各功能空间的功用不同，在面积的取舍上应根据情况有张有弛。

像储物间和工人房，一般3～4平方米大致够用；而一个衣物成堆的女主人，有时5～6平方米的衣帽间未必能满足需要。

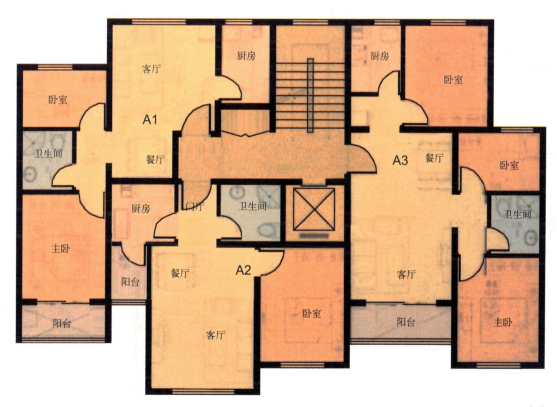

改后

实例13：北京怀柔北房镇驸马庄村保障房A单元

设计单位：北京清华安地建筑设计有限责任公司

该住宅为多个2梯4户板塔楼连体，非对称布局，其中：A户型为二居室，74.38平方米；B户型为二居室，75.00平方米；C户型为一居室，51.16平方米；D户型为一居室，55.47平方米。由于楼梯和A户型北外墙凸出，不够平衡，可以考虑调整。

结合楼面的调整，在不增加楼体总开间和进深的情况下，增大起居室和卧室的开间。户型中最大的问题是缺少餐厅的位置，同时卫生间有些局促，如：A户型餐厅和客厅挤在一起，卫生间干湿分离，显得有些局促；B户型餐厅和客厅挤在一起，厨房面积稍小；C户型没有餐厅的位置；D户型餐厅和客厅挤在一起，卫生间干湿分离，显得有些局促。

改造重点：楼面在不增加楼体总开间和进深的情况下，将电梯偏转，与楼梯相对，变成明厅。A户型下移，形成对称楼面。A户型增加起居室和卧室开间，减少进深，分离餐厅和客厅，并将干湿分离的卫生间合并。B户型干湿分离的卫生间合并并加大，门厅处设置餐厅。C户型加宽厨房和卫生间的开间，设置餐厅。D户型干湿分离的卫生间合并并加大，门厅处设置餐厅，同时增加起居室开间。

卫生间的干湿分离有利有弊，分离可以多人同时使用互不干扰，但空间分割细碎。这三个户型之所以合并，是为了挤出餐厅的位置，而C、B户型的洗衣间，则是恰到好处地利用了空间结合部的死角。

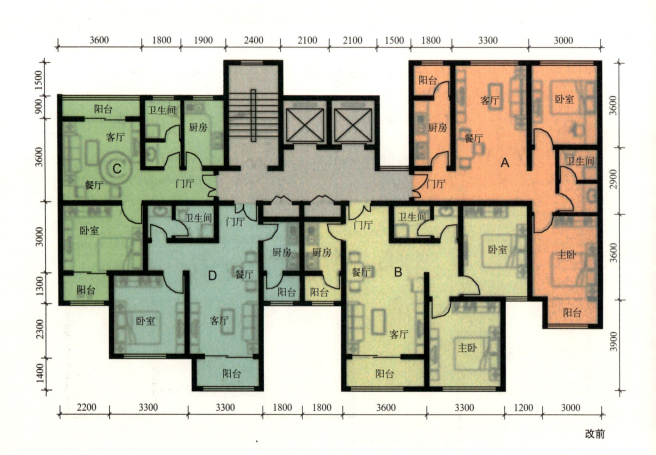

改前

26

交通通道的联系

户内的交通通道分为过道和楼梯，它们是联系各个空间不可或缺的重要部分。因此，其面积的大小，动线的长短，功能的优劣，都对生活产生影响。需要注意的是：

过道来去便捷简约

过道是户型中联系各空间的交通通道，由于设计、房型和位置等原因，往往差异很大。有时为了保证户型的整体舒适度，采用动静分离；有时为了使各功能空间搭配合理，采用舍近求远等等，这些都会使过道占用面积偏多，因此，要仔细权衡。在目前住宅价格偏高的情况下，选择便捷简约的过道，降低户型总价，也不失为一种权宜之计。

楼梯上下方便美观

从功能上讲，作为垂直交通的工具，楼梯将层与层之间紧密地联系在一起，选择时，首先考虑的是上下是否方便。当然除了满足实用功能外，还应当作艺术品来对待，可以想象，先锋时尚的造型，推陈出新的材料，能使楼梯成为跃层中的点睛之笔。

在装饰材料上，不同的组合会产生不同的效果。采用不锈钢、角铁、铝塑板、木板等打造的楼梯，光滑而富有质感；金属扶手配以木质踏板，使人感觉既时尚又不乏生活气息；玻璃以其玲珑剔透而备受宠爱，与金属结合后洋溢着十足的现代感；而水泥踏板和木扶手，稳重大方而不必担心过时。

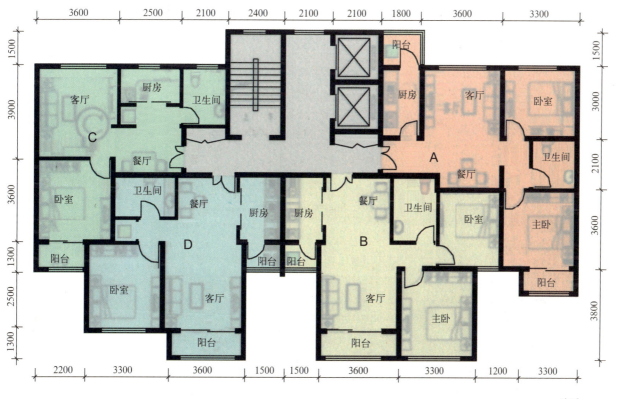

改后

实例14：北京丰台区怡然家园

设计单位：北京市建筑设计研究院

位于北京市丰台区西四环和西五环之间。该楼为3连体板塔楼，每个单元2梯4户，每层1套三居室，2套两居室，1套一居室。由于此单元位于边上，三面采光，因此设计了三居室。楼体采用基本对称式设计，南侧开了三个槽，以解决两户的居室通风、采光。

A户型起居部分的客厅和餐厅位置倒置，出入卧室、厨房和餐厅都会有交叉干扰；B1户型门厅部分过于狭长；厨房窗窝在阳台里侧，通风、采光均不好；B2户型起居部分的客厅和餐厅位置倒置，出入厨房和餐厅都会有交叉干扰；C户型餐厅和客厅错位。

改造重点：过窄的开槽难以施工，过多的开槽影响立面，因此应该加宽并减少。同时保证起居获得标准开间，客厅和餐厅的位置不倒置。

将三个槽合并成一个，由两个厨房和一个卧室合用，这样可以扩大开槽口，增加采光夹角的同时，也使得厨房的窗户直接对着外侧，增加采光、通风。结构墙尽量取齐，既美观又增加抗震能力、降低施工成本。A户型和B2户型的开间都取齐，避免"刀把"形，并且将客厅和餐厅位置合理设置，减少交叉干扰的同时，客厅也获得了稳定的双平行线墙面，同时餐厅设置稳定的夹角墙。改造后，空间尺度合理，动静分离明确，采光、通风指数提高，外立面也规范了。B1户型餐厅和客厅加大，避免局促，改造后的次卧和厨房采光、通风指数得到提高，客厅和餐厅分离，二室一厅一卫变成了二室二厅一卫。C户型的餐厅和客厅合并，扩大面积，改造后的起居空间尺度合理，动静分离明确，舒适度大大提高。

改前

设计提示

查查哪些设施属于画蛇添足

虽然服务空间的功能性加强会使舒适度增加，但毕竟要占用套内面积，所以设计时要权衡轻重，尽量放弃那些可有可无的空间。比如：

不需要佣人的家庭，佣人房就成了摆设。

懒得莳花弄草、健身休闲的人，一个阳台已经足够。

而对于平常杂物和衣物都很少的夫妻来说，储物间和衣帽间或许可以合并。

查查哪些空间属于大而无当

在一个户型中，功能空间越是完备总面积就会越大，由此而导致了进深和面宽加大，而服务空间往往会夹在其中"填缝"，挂在外侧"镶边"。又比如：

衣帽间，长宽比例如果不是很合适的话，会造成面积的浪费。

阳台，多半跟着居室开间走，过长过宽都会加重居室中的次要空间的面积负担。

而储藏间，多数都是犄角旮旯的黑空间，同样的钱不用在光线明亮的卧室和起居室上，就是用在厨房和卫生间上，也会因为面积的宽松而增加了舒适度。

因此，在现阶段，在精致户型中，尽可能删繁就简，去粗取精，使服务空间的功能相互融合，相互借用，达到简约化、集约化。

改后

限价租赁篇

空间的设计

篇前语

政策房最大的特点是套型小、成本低、单元户数多,建筑布局不够规整等,因此,要根据中低收入人群居住活动的基本需求和生活流线,尤其是户与户之间的联系、组合、构成来布置、安排住宅单元的总体关系,实现节约成本、省地、利于工业化施工和灵活改造。

一般来说,政策房的单元平面设计应注意以下内容:

平面布局规整经济

政策房为了节约用地,追求性能成本比,相当多的楼栋会选择塔楼或板塔楼,因此要做到平面布局合理、功能关系紧凑、空间利用充分,减少公摊面积,降低体形系数和压缩公共面积。如:要尽量避免采用采光、通风条件很差的套型,避免套型之间的互视,户与户之间的交通干扰尽量降到最低等。同时还要避免楼体进深过小、面宽过大,造成土地使用不经济,避免楼体结构过多的曲折和过深的凹凸,造成建筑成本增加等。

模数协调方便改造

平面设计要尽量符合模数协调、空间灵活分隔和可改造性原则。如:选用砌体结构,要考虑砌块的模数;选用钢筋混凝土框架体系,要考虑各向尺寸的协调。同时,框架体系要比砌体承重结构在空间分隔上更加灵活自由,可以适当提倡。另外,要尽量减少过多大面积钢筋混凝土墙或承重墙的设置,以便为日后改造提供更多的可能。

公共空间紧凑便捷

单元公共空间设计要充分考虑单元入口进厅、楼梯间和垃圾收集设施的布局,这些对于寸土寸金的政策房不容忽视。政策房每层的户数要多于商品房。公共交通方便与否,公共空间紧凑与否,结构体形规整与否,对于提高使用率至关重要。要尽量做到:缩减走廊长度,紧凑安排设备管井,将有限的面积用于套内;在不过多增加走廊的前提下,实现一梯多户。

两限房

限价房是指政府采取招标、拍卖、挂牌方式出让商品房用地时，提出限制销售价格、限制住房套型面积、限制销售对象等要求，由开发企业通过公开竞争取得土地，并严格执行限制性要求开发建设和定向销售的普通商品住房。

竞地价，竞房价

针对很多开发商增建大套型，以及房价节节攀升的情形，2006年国家有关部门推出了"两限两竞"的土地供应方式，即"土地供应应在限套型、限房价的基础上，采取竞地价、竞房价的办法，以招标方式确定开发建设单位"。这种方式可以从土地源头抓起，在出让土地时便明确该地应建成何种套型、何种档次的商品房，若开发商认可其定位，则可去拿地进行建设，若不认可，则无须拿地。更为关键的是，这种方式在土地出让时便可进行调控，有利于政府对城市房地产市场进行整体把握，也可根据不同地块的特点因地制宜。

限套型，限房价

两限房也称限价商品房，开发商拿地时需要缴纳土地出让金，因此限价商品房具有商品房的性质，但同时还限定了购买对象，具有保障房的性质，与经济适用房、廉租房一起使我国住房保障覆盖范围趋于完整。

限价房所针对的群体收入应该在经济适用房、廉租房之上，部分城市则定在了中等收入的人群。

限价房的面积标准，国家没有严格的限定，各省市根据地方的实际情况灵活制定，大部分界定在了90平方米以下。如北京一居室60平方米以下，二居室75平方米以下，三居室不超过90平方米。天津则定在一居室50平方米，二居室70平方米，其中一居和二居的住房套数占总住房套数的比例不低于70%。

2006年6月1日，国家规定，凡新审批、新开工的商品住房，包括经济适用房，套型建筑面积90平方米以下住房的比例，必须达到开发建设总面积的70%以上，这就是所谓的"90/70"政策。

北京房山区长阳镇起步区4号地双限房

楼层改前

[两限房]

环境氛围：位于北京市房山区长阳镇起步区西南侧4号地块，临城市绿地，东至经一南路，南接长杨路，西挨东庄路，北邻纬五路。项目用地21万平方米，总建筑面积36.3万平方米，其中双限房面积16万平方米。

建设单位：北京城建兴泰房地产开发有限公司

设计单位：北京维拓时代建筑设计有限公司

楼层分析：该楼为2梯4户三连体板塔楼，全部为二居室，对称布局，板楼卫生间和塔楼次卧采用开槽采光。需要改善的是，消除电梯和楼梯错位引起的折角。

功能布局：户型中面积的均好性不错，格局规整。C1户型卫生间虽为干湿分离，但干间为明卫，湿间为暗卫，没有充分利用采光、通风。C2户型采用暗开门，次卧和厨房空间出现了折角。

北京房山区长阳镇起步区 4 号地双限房
楼层改后

两限房

改造重点：电梯上移与楼梯取齐，所有卫生间都合并干湿间。

C1、C1 反户型，合并卫生间，调整洁具，横移大门，留出衣柜。

C2、C2 反户型，合并卫生间，调整洁具，改开次卧和厨房门。

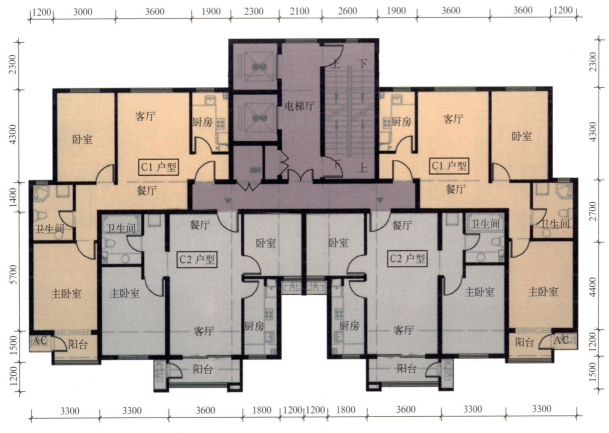

改后

北京房山区长阳镇起步区 4 号地双限房
C1 户型

[两限房]

户型分析：二室二厅一卫的 C1 户型，建筑面积 87.68 平方米。虽为板楼部分的南北朝向，采光不错，但通风缺乏对流。

功能布局：卫生间干间为明卫，湿间为暗卫，没能充分利用采光窗。

改造重点：合并卫生间，调整洁具；大门左移。

首先将卫生间下墙上移，合并干湿间。

然后调整洁具。

最后左移大门，门后留出衣柜。

改造后主卧面积略有增加，卫生间也完全通风，门厅的功能进一步深化。

改前

改后

北京房山区长阳镇起步区 4 号地双限房 C1 户型

两限房

改前

改后

- 左移大门，门后留出衣柜。
- 调整洁具。
- 卫生间下墙上移，合并干湿间。

北京房山区长阳镇起步区 4 号地双限房
C2 户型

[两限房]

户型分析：二室二厅一卫的 C2 户型，建筑面积 88.84 平方米。为塔楼部分的全南朝向，采光不错，通风不好。

功能布局：卫生间干湿分离，面积有些局促。次卧和厨房门对开，虽然隐蔽，但室内空间出现了折角。

改造重点：下移卫生间下墙，合并干湿间，调整洁具；外间设置洗衣间；次卧和厨房规矩空间，侧向开门。

首先将卫生间下墙下移，留够卧室衣柜的进深，调整洁具，合并干湿间。

然后外间设置洗衣间。

接着次卧下墙上移，门开向餐厅。

最后厨房增加进深，门开向客厅。

改造后空间尺度合理、规矩，动线也很便捷。

改前

改后

北京房山区长阳镇起步区4号 C2户型

两限房

改前

- 外间设置洗衣间。
- 次卧下墙上移,门开向餐厅。
- 卫生间下墙下移,留够卧室衣柜的进深,调整洁具,合并干湿间。
- 厨房增加进深,门开向客厅。

经济适用房

经济适用房是指政府提供政策优惠，限定套型面积和销售价格，按照合理标准建设、面向城镇中低收入家庭供应，具有一定政策保障性质的商品住房。

经济性

经济性指住宅价格相对于市场价格而言，是适中的、能够适应城市中低收入群体的支付能力。所以，经济适用房面积不宜过大，总价不宜过高，在满足基本住房需求、省地节能环保的原则下建设。

适用性

适用性指在住房设计、单套面积设定及其建筑标准上强调住房的实用效果。按照国家标准，建筑面积应控制在60平方米左右，市、县人民政府可以根据当地经济发展水平、群众生活水平、住房状况、家庭结构和人口等因素，合理确定建设规模和套型比例。像温州规定，高层和中高层的套型面积在基本的60平方米基础上，可适当增加10平方米左右，家庭成员4人以上的，套型面积控制在80平方米左右。九江市则将套型定在以二室一厅和二室二厅为主，面积按80平方米左右设置，最高不得超过90平方米，而中心城区原则上控制在76平方米，可适当安排一部分45平方米左右的一室一厅。

经济适用房不但要按照《住宅性能评定技术标准》GB/T 50362-2005进行建设，而且要达到1A级以上，包括：

居住空间、厨房、卫生间等基本空间齐备；每套住宅至少有一个居住空间获得日照，当有四个以上居住空间时，其中有两个或两个以上获得日照；厨房有直接采光和自然通风，位置合理，对主要居住空间不产生干扰；7层以上住宅设电梯，12层及以上至少设两部电梯，其中一部为消防电梯。

经济适用房的来源主要有三种：一是由政府提供专项用地，通过统一开发、集中组织建设的经济适用住房；二是将房地产开发企业拟作为商品房开发的部分普通住宅项目调整为经济适用住房；三是单位以自建和联建方式建设的，出售给本单位职工的经济适用住房。

北京怀柔区北房镇驸马庄村保障房
C 单元改前

经济适用房

环境氛围：位于北京市怀柔区北房镇驸马庄村，北临幸福东街，南靠永昌路，项目占地52.9万平方米，建筑面积11.1万平方米，1416户，其中经济适用房947户，两限房469户。

设计单位：北京清华安地建筑设计顾问有限责任公司

楼层分析：该住宅为多个2梯4户板塔楼连体，非对称布局，均为一居室，包括59.63平方米的D户型，43.44平方米的B户型，42.88平方米的E户型和44.89平方米的F户型。楼体北侧楼梯凸出，南侧B户型卧室结构单立，需要进一步调整。

功能布局：户型中面积配比有所失衡，存在的问题是：E、F户型起居室和卧室面积接近，同时没有餐厅；D户型起居室横向设置并半采光；E户型厨房偏小等。

改前

北京怀柔区北房镇驸马庄村保障房
C单元改后

经济适用房

改造重点：调整楼梯厅，对称布局楼面，增加部分户型餐厅。

E、F户型，调整并合并卫生间，增加餐厅。E户型加大厨房。

B户型，加大起居室开间和进深，增加餐厅。

D户型，偏转起居室，直接全采光。次卧设置在开槽内。

改造后，北侧外墙结构平直，楼座进深也缩短了2.4米。

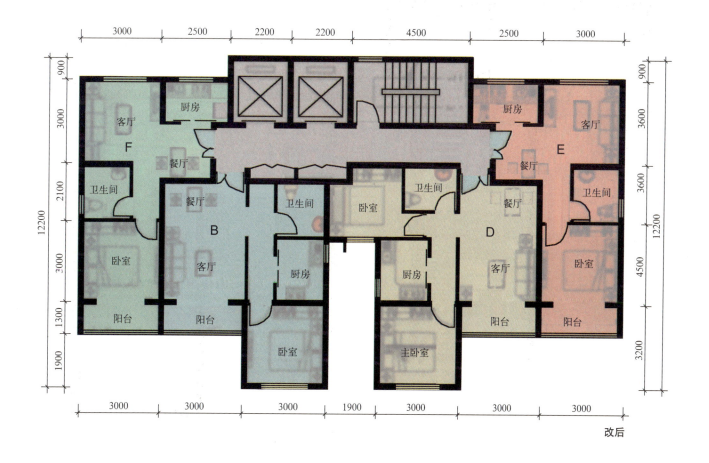

改后

北京怀柔区北房镇驸马庄村保障房
B 户型

经济适用房

户型分析：一室一厅一卫的 B 户型，建筑面积 43.44 平方米，为塔楼部分的全南朝向，通风不好，采光不错，但起居室有半天的日照遮挡。

功能布局：户型呈"刀把"形设计，卧室在里侧，起居室处在大门旁，横向布局，缺少餐厅的位置，并且电视悬空摆放，否则出入有交叉干扰。

改造重点：增大起居室进深和开间；对调厨卫。

首先将起居室下墙下移，增加进深。

然后同时右移卧室的左、右墙，增加起居室开间。

接着对调厨房和卫生间的位置，卫生间变成暗卫，让出采光口给邻近户型。

最后去掉卧室阳台，缩小面积补偿起居室。

改造后面积略有增加，起居室尺度加大，日照时间变长，舒适度提高不少。

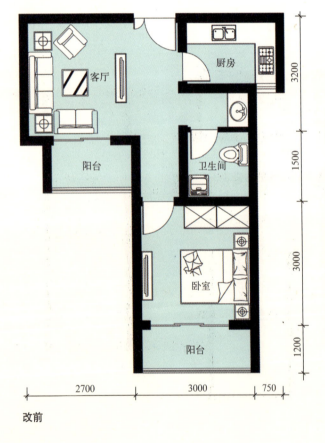

改前

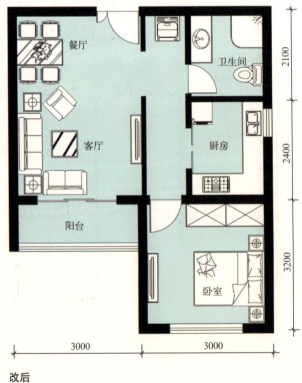

改后

政策房的设计与改造　限价租赁篇

北京怀柔区北房镇驸马庄村保障房
B 户型

经济适用房

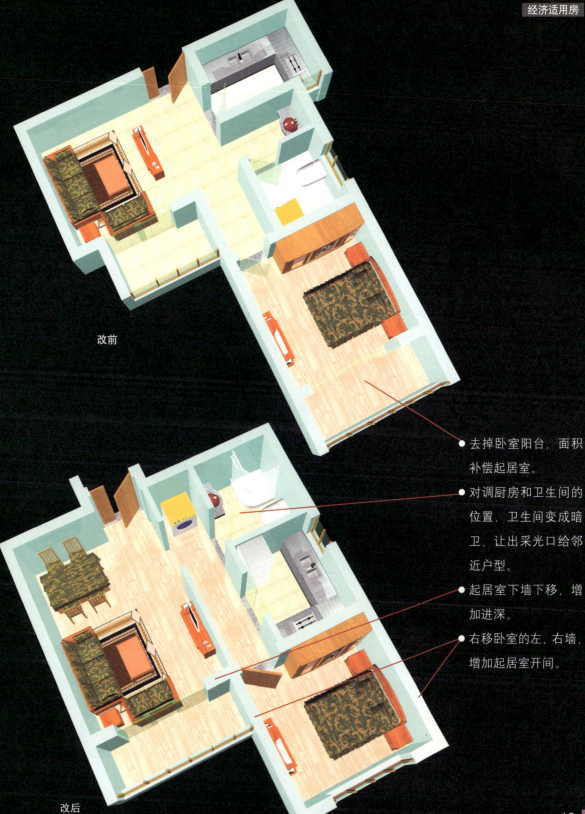

改前

改后

- 去掉卧室阳台，面积补偿起居室。
- 对调厨房和卫生间的位置，卫生间变成暗卫，让出采光口给邻近户型。
- 起居室下墙下移，增加进深。
- 右移卧室的左、右墙，增加起居室开间。

北京怀柔区北房镇驸马庄村保障房
D 户型

经济适用房

户型分析：二室一厅一卫的 D 户型，建筑面积 59.63 平方米，为塔楼部分的全南朝向，卧室采光不错，由于起居室为半采光，并且有日照遮挡夹角，舒适度稍低。

功能布局：户型两个卧室格局尚可，存在问题是起居室，横向布局影响交通，干扰较大。

改造重点：调整次卧位置；增大起居室进深和开间；对调厨卫。

首先将次卧调整到原厨房的位置。

然后起居室下墙下移，增加进深同时左移起居室右墙，收缩开间并纵向设置客厅和餐厅。

接着对调厨房和卫生间的位置，卫生间变成暗卫。

最后将卧室阳台面积补偿给起居室。

起居室和主卧是户型中最重要的空间，虽然牺牲了次卧的采光性能，综合来看，整体舒适度有了提高。

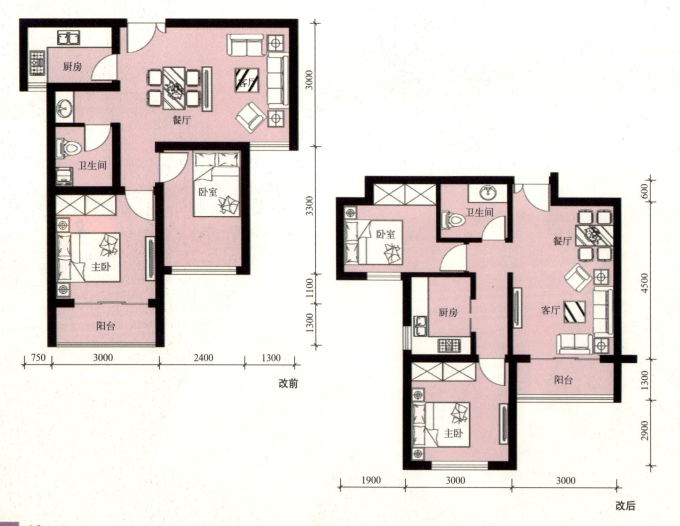

改前

改后

北京怀柔区北房镇驸马庄村保障房
D 户型

经济适用房

改前

改后

- 左移起居室右墙，收缩开间并纵向设置客厅和餐厅。
- 次卧调整到原厨房的位置。
- 对调厨房和卫生间的位置，卫生间变成暗卫。
- 起居室下墙下移，增加进深。
- 卧室阳台面积补偿给起居室。

北京怀柔区北房镇驸马庄村保障房
E户型

经济适用房

户型分析：一室一厅一卫的E户型，建筑面积42.88平方米，为板楼部分的南北户型，采光、通风不错。

功能布局：起居室偏小，缺乏餐厅的位置。同时厨房也有些局促。

改造重点：结合楼面的平衡调整，户型北外墙取齐；卫生间设在卧室之上，合并干湿间；调整厨房，增加餐厅。

首先将起居室上移，取齐北墙。

然后卧室下移，与邻近户型起居室下墙取齐。

接着在卧室之上增加卫生间的位置。

最后将厨房横向设置并加大面积，下面为餐厅。

餐厅也是起居室中重要的空间，此调整虽然卫生间变成了暗卫，但增加了功能性。

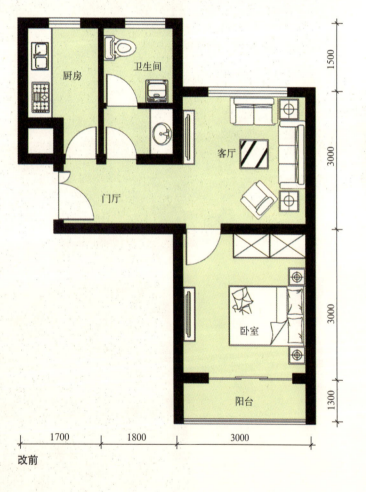

改前

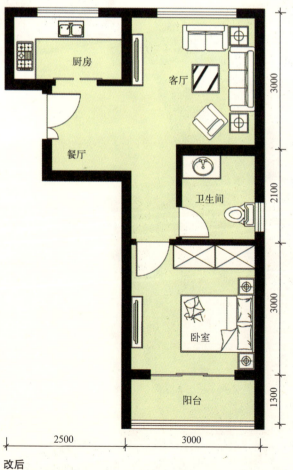

改后

政策房的设计与改造　限价租赁篇

北京怀柔区北房镇驸马庄村保障房
E 户型

经济适用房

改前

- 起居室上移，取齐北墙。
- 厨房横向设置并加大面积。
- 卧室之上增加卫生间的位置。
- 增加餐厅。
- 卧室下移，与邻近户型起居室下墙取齐。

改后

公共租赁房

公共租赁房是解决新就业职工等夹心层群体住房困难的住宅。公共租赁房产权归政府或公共机构所有，用低于市场或者承租者承受得起的价格，向新就业的本地职工、大学毕业生、外地用工人员等出租。

过渡与临时

公共租赁房也属于过渡性住房，但夹心层群体不一定是低收入者，通过市场有些确实难以解决住房困难，因此由政府提供一定的帮助，待这部分群体有了支付能力，也应腾退公共租赁房，到市场购买或承租住房。

公共租赁房的临时性决定了以下特点：

住户对房子的爱惜程度不如自己的房子；一般不会进一步装修；维修比自有住房频繁；出租方应当提供基本装修，达到"拎包入住"。

因此，公共租赁房非常适合CSI工业化住宅建筑体系，采用结构体与填充体分阶段、分离施工，实现内部厨房、卫生间等部品的家电化，使填充体在不影响和破坏结构体的稳定性和耐久性的情况下，具有良好的可更新性和改造性。

紧凑与配建

公共租赁房的面积也同样坚持"小套型"原则，具备单独的厨房、卫生间等基本生活设施，但面积基本限定在60平方米以内，以集体宿舍形式建设的，应认真落实宿舍建筑设计规范的有关规定。北京市公共租赁房采用中小套型为主，适当配置大户型，具体分为30平方米的单居套型、40平方米的小套型、50平方米的中套型和60平方米的大套型，每种类型可以有5%的面积浮动，但最大不超过60平方米。而重庆市则规定，公共租赁房配租面积与家庭人数相对应，2人以下40平方米、3人以下60平方米、4人以上80平方米。

公共租赁房的房源来自新建、改建、收购、市场已有的长期租赁住房等多种渠道。新建的公共租赁房以配建为主，也可以相对集中建设，尽可能安排在交通便利、公共设施较为齐全的区域。

北京丰台区桥南王庄子公共租赁房
楼层改前

公共租赁房

环境氛围：位于北京市丰台区桥南王庄子，用地2.99公顷，总建筑面积8.66万平方米，容积率1.85，其中商房楼6栋，配套公建1栋，公租楼1栋，提供140套公租房。

建设单位：北京丰南嘉业房地产开发有限公司

设计单位：中外建工程设计与顾问有限公司

楼层分析：该住宅地上15层，为对称连体板塔楼，每个单元2梯5户，其中C1、C2、C3、C4户型为塔楼结构，B1户型为板楼结构。楼面总体比较平衡，但结构墙有些凌乱，两部电梯过于错落，并且C1和C2户型卧室和餐厅有互视。

功能布局：C1户型一室二厅一卫，虽然格局比较方正，但卧室和卫生间入口处在客厅里侧，交叉干扰较大。C2户型一室二厅一卫，餐厅和客厅倒置，并且堵着入户通道，使用不便。B1户型二室二厅一卫，厨房入口位于客厅里侧，并且餐厅堵在大门通道，同样交叉干扰很大。

改前

北京丰台区桥南王庄子公共租赁房
楼层改后

公共租赁房

改造重点：上移B1户型，北侧结构墙与楼梯取齐，南侧结构墙与C2户型南墙取齐。楼梯偏转设置，电梯并列，使公共楼道更敞亮。

C1户型卧室上移，下面设置厨房，减少与邻居互视几率，更主要是稳定客厅，分出餐厅。

C2户型上移厨房和卫生间，保证起居室的完整、规矩，采光良好。

C3户型上移卫生间，加大餐厅，并且收缩厨房洗衣机位置，与C2户型南结构墙取齐，因为这样无法使用滚筒洗衣机。

C4户型收缩厨房洗衣机位置，与C2户型南结构墙取齐，加大卫生间并设置洗衣间。

B1户型收缩厨房开间，加大进深，厨房门开在客厅外，同时餐厅右增加一截短墙。

改后

北京丰台区桥南王庄子公共租赁房
C1 户型

公共租赁房

户型分析：一室二厅一卫的 C1 户型，为塔楼部分的东北和西北户型，虽为两面采光，但卧室的角飘窗获得了宝贵的阳光。

功能布局：卧室和卫生间门开在客厅里侧，出入会产生交叉干扰，同时卧室的角飘窗与邻居餐厅有互视。

改造重点：调整厨房；横移卫生间。

首先，将厨房调整到卧室下端，拉开与邻居的距离，减少互视几率。

其次，右移卫生间。

最后，客厅和餐厅右移并用通道自然分开，与门厅合在一起。

面积有限的情况下，尽量保持空间的完整，同时厨房、卫生间和卧室共用一平方米转换空间，非常实用。

改前

改后

政策房的设计与改造 限价租赁篇

北京丰台区桥南王庄子公共租赁房
C1 户型

公共租赁房

改前

- 右移卫生间。
- 客厅和餐厅右移并用通道自然分开，与门厅合在一起。
- 厨房调整到卧室下端，拉开与邻居的距离，减少互视几率。

改后

55

政策房的设计与改造 限价租赁篇

北京丰台区桥南王庄子公共租赁房
C2 户型

公共租赁房

户型分析：一室二厅一卫的 C2 户型，为塔楼部分的东西户型，虽为单面采光，但卧室的角飘窗同样获得了宝贵的阳光。

功能布局：客厅和餐厅倒置，并且半采光窗口窝在了槽里，不仅光线较暗，而且还与邻居互视。

改造重点：调整厨房和卫生间；方正起居空间。

首先，将厨房和卫生间调整到卧室上端，与邻居厨房并列，同时也减少了主要居室的互视几率。

其次，卧室上移，加大客厅窗户。

最后，客厅和餐厅取方，消除"刀把"形，同时窗户设置成角窗，收纳阳光。

起居室是主要空间，一定要关注格局和采光。

改前

改后

政策房的设计与改造 限价租赁篇

北京丰台区桥南王庄子公共租赁房
C1 户型

公共租赁房

改前

- 厨房调整到卧室上端，与邻居厨房并列，同时也减少了主要居室的互视几率。
- 卫生间调整到起居室上端，干湿分离。
- 客厅和餐厅取方，消除"刀把"形。
- 窗户设置成角窗，收纳阳光。

改后

北京丰台区桥南王庄子公共租赁房
B1 户型

公共租赁房

户型分析：二室二厅一卫的 B1 户型，为板楼部分的南北户型，两面采光，通风不错。

功能布局：厨房门设在了客厅里侧，出入交叉干扰很大。餐厅位于大门到卧室和卫生间的通道上，有些拥堵。

改造重点：调整厨房；增加餐厅隔墙。

首先，随着户型整体上移，厨房门开在了客厅外侧。

其次，缩小厨房开间，加大进深，同时让出楼梯间面积，设置管线间。

最后，次卧门上移，餐厅右侧增加短墙，稳定空间。

客厅和餐厅虽然处在相对开放的空间，但也要稳定。

改前

改后

北京丰台区桥南王庄子公共租赁房
C1 户型

公共租赁房

改前

改后

- 缩小厨房开间，加大进深。
- 厨房门开在了客厅外侧。
- 次卧门上移后，餐厅右侧增加短墙，稳定空间。

廉租房

廉租房是指政府以租金补贴或实物配租的方式，向符合城镇居民最低生活保障标准且住房困难的家庭提供租金相对低廉的普通住房。

过渡与临时

廉租房保障政策为有住房困难的最低收入家庭提供过渡性住房，分配到廉租房或获得发放租赁补贴不是永久性的，一旦低收入家庭生活条件有所改善，就要通过退出机制腾退廉租房或停止发放补贴，把住房优惠让给其他需要帮助的家庭。

廉租房在使用上具有一定的临时性，在规划设计过程中，应充分考虑低收入家庭的经济承受能力，节约建材及施工、安装费用，以解决住房困难为前提，同时还要兼顾安全适用。

紧凑与配建

廉租房面积应坚持"小套型"原则，具备单独的厨房、卫生间等基本生活设施，做到"麻雀虽小，五脏俱全"。按照国家规定，廉租房面积限定在50平方米以内，并根据城市低收入住房困难家庭的居住需要，合理确定套型结构。当然，有些地方除了严格控制套型建筑面积外，还在廉租房中推行性能认定制度，按照《住宅性能评定技术标准》GB/T 50362-2005 进行建设，以提高住宅的综合性能水平，体现国家倡导的节能、节地、节水、节材和环保的理念，提高工程质量，争取多数新建廉租房达到1A级住宅水平，并且全装修交房。

廉租房由于套型小、数量少，主要在经济适用房和普通商品房小区中配建，并在用地规划和土地出让条件中明确规定建成后由政府收回或回购。像杭州市规定，廉租房以分散建设为主，在住宅区中所占比例低于10%，一般不超过300户。而青海省则除了配建外，也可以适当集中建设。

北京门头沟区廉租房
楼层改前

[廉租房]

环境氛围: 位于北京市门头沟区西辛房西侧,用地2.39公顷,总建筑面积2.59万平方米,绿化率31.6%,容积率1.09,共462户廉租房,居住约1294人。

建设单位: 北京市门头沟区建设委员会

设计单位: 北京京西建设勘察设计院

楼层分析: 该楼由每单元4户的连体板塔楼组成,无电梯,楼面规整,对称布局,每户为大开间一居,A户型建筑面积38.29平方米,B户型38.30平方米。

功能布局: 户型格局规整、紧凑,存在主要问题是:缺少就餐区域。

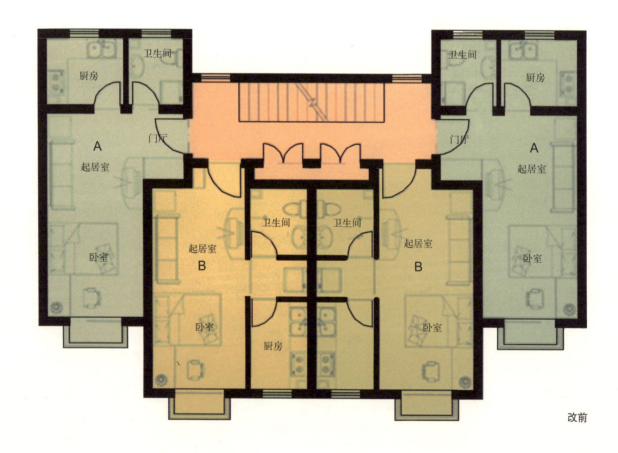

改前

北京门头沟区廉租房
楼层改后

廉租房

改造重点：楼面不做调整，各户型大门改成外开。

A户型，对调厨房和卫生间，调整洁具，设置餐桌。

B户型，取直门旁的折角，调整洁具，设置餐桌。

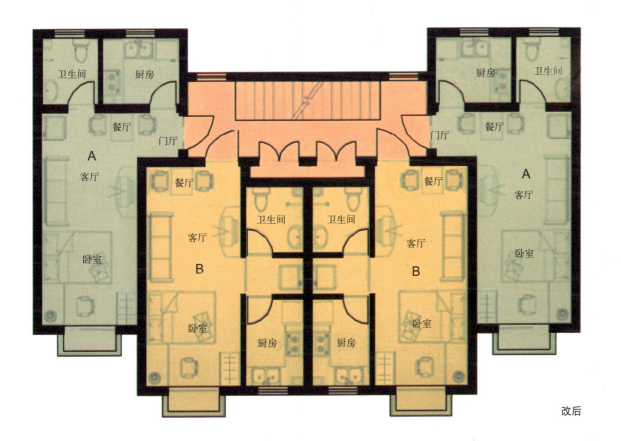

改后

北京门头沟区廉租房
A 户型

[廉租房]

户型分析： A 户型为大开间一居，板楼结构，南北两面采光。

功能布局： 厨房和卫生间设置明窗，但卫生间缺少淋浴设备，起居区缺少就餐位置。

户型改造： 大门上开；取直大门下墙；对调厨房和卫生间，设置餐桌；调整洁具；洗衣机设在卫生间外。

首先，将大门上开。

其次，取直大门下墙，去掉衣柜。

再次，厨房和卫生间对调，并分开门，设置餐桌。

接着，调整洁具，设置淋浴设施。

最后，洗衣机设在卫生间外。

改造后，留出的墙面解决了餐桌和洗衣机的位置。

改前

改后

北京门头沟区廉租房
A 户型

廉租房

改前

改后

- 调整洁具，设置淋浴设施。
- 厨房和卫生间对调，分开门距，设置餐桌。
- 洗衣机设在卫生间外。
- 大门上开。
- 取直大门下墙，去掉衣柜。

定向安置篇

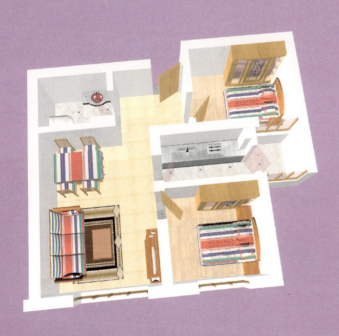

空间的经济
篇前语

住宅的经济性能是指住宅的建造、使用、拆迁过程中，住宅本身的节能、节水、节地和节材的性能，它具有多方面的含义：一是住宅建设和使用过程中能源和资源的投入量最小并能得到有效的利用；二是充分保证消费者切身利益，切实使购房者感到经济实惠、物有所值，买到性能成本比优越的住宅；三是尽可能地使开发建造的住宅能够与时俱进、易于改造和再生。

节能性能

政策性住房的节能主要从建筑设计、围护结构设计、采暖空调系统和照明系统等方面考虑。

整栋住宅设计时，应重点考虑提高其保温隔热性能，降低对能源的消耗，减少中低收入居民的电费和采暖费用。重点考虑自然采光、自然通风，尽量满足日照要求，将建筑体形系数控制在一个较低的水平上，适当控制窗墙比，合理利用太阳能，提高外窗和阳台门的气密性。

采用分户热计量的技术措施，为节能运行管理和供热商品化提供条件。为了保持建筑物外立面的统一、协调和美观，提倡统一的空调室外机预留设计。照明系统应采用高效节能的照明产品，公共空间照明的控制应采用延时自闭、声控等节能开关。

节水性能

住宅节水主要从污水资源化、雨水收集利用、控制景观水体、使用节水器具等方面入手。

鼓励中水回用和雨水收集设施的建设，暂时没条件的，应当在规划、建设中为今后添加创造便利。政策性住房原址如果没有自然景观水体的话，要摈弃营造人工水景的做法。家庭积极推广节水型便器和水嘴，公共场所采用延时自闭、感应自闭的节水器具，绿地采用喷灌的浇灌方式。

节地性能

与住宅项目节地程度相关的因素有：楼座平面合理、地下停车场比例、容积率、建筑设计、新型墙体材料的使用、地下公建和土地利用状况等。

即使是政策性住房，也要前瞻性地设计出足够的地下车库。政策房容积率一般会在3以上，但因土地资源逐渐稀缺，综合考虑经济、环境以及未来发展等多种因素，可以在保证基本需求的情况下适当提高容积率。节地还有一个重要的方面，就是设计水平的提高，使有限的面宽和进深满足不断增加的空间要求。另外，商业服务、健身娱乐、设备物业用房等对日照要求不高的设施，尽量利用地下空间。

节材性能

通过增加可再生材料的使用、应用建筑节材新技术、提高建材回收率等措施来实现政策房建设过程中节约材料的目的。其中包括：利用可再生的钢材、木材、竹材、建筑垃圾和工业废渣等建筑材料；应用高性能混凝土技术、高效钢筋连接与预应力技术、钢结构技术和企业计算机应用和管理技术；最少应使用10%以上的回收建材等。

对接安置房

人口安置是各地政府在加快改善中心城区居民居住条件，努力实现改善民生、保护历史风貌和促进城市经济发展的重要举措。对接安置房就是由于搬迁、改善等原因到指定居民区安置的房屋，目的是控制城区人口密度，提高家庭居住条件，同时，还将考虑当地居民的需求和生活习惯，进行相应的配套设施建设。如北京，将西城区的某些条件较好的幼儿园、中小学等，在新居住区设立分校，并配备骨干师资力量。

面积和标准统一

对接安置房每套面积不低于45平方米，各项标准与其他保障房大致相同。建筑从规划、设计、施工、监理、竣工验收等环节要符合国家安全和技术标准，所有证照应齐全，要体现适用、经济、美观、安全、卫生、便利的原则，符合城市规划的要求，满足居民基本生活的需要。

购买和交易受限

对接安置房的分配管理目前由区县政府负责，购房家庭资格由区县政府确定的主管部门负责审核，购房家庭选房后，项目开发单位将拆迁安置家庭情况、购房人姓名、身份证号及所选房号等情况录入市房屋交易权属系统，经区县主管部门及区县政府盖章确认后备案。

与普通商品房相比，对接安置房最大的特点在于购买对象特定和交易时间受限，即只有符合条件的人才有资格购买，并且在取得房产证的一定时间内（通常为五年）无法将该房过户给其他人。

北京顺义区张镇居住区安置房
楼层改前

对接安置房

环境氛围：位于北京市顺义区张镇中心区西侧，顺平路南部。总用地5.3万平方米，总建筑面积8.8万平方米，政策房建筑面积1.58万平方米，容积率2.5。

建设单位：北京天正华特房地产开发有限公司

设计单位：北京中京惠建筑设计有限责任公司

楼层分析：该住宅为"L"形连体板塔楼，其中南北朝向楼东单元为1梯4户，对称式布局的4套两居室，西单元为1梯3户，2套两居室和1套大开间一居室。楼座平面结构复杂，外立面折角较多。

功能布局：E户型二室二厅一卫，格局方正，但客厅开间过大，餐厅处在过道上。F户型二室二厅一卫，格局同样方正，但客厅和餐厅有些拥挤。G户型一室一厅一卫，客厅半采光，并且与餐厅的位置倒置。J户型二室二厅一卫，客厅和次卧半采光，并有交叉干扰，同时餐厅和客厅错落，面积损失较大。K户型二室一厅一卫，客厅和次卧半采光，餐厅和客厅面积局促，并且处在交通通道中。

改前

北京顺义区张镇居住区安置房
楼层改后

对接安置房

改造重点：东单元：上移北外墙，与西单元楼梯外墙取直；F户型上移起居室南墙，与主卧取齐；电梯调整到楼梯左侧，缩小E户型起居室开间。西单元：垂直反转K、J户型，加大起居室采光开槽夹角；J户型卫生间和餐厅对调，合并餐厅和客厅。

E户型起居室和厨房上墙上移，加大进深。卫生间上移，取齐结构墙，餐厅增加侧墙，稳定空间。

F户型上移卫生间，加大起居室进深。

K户型垂直反转。

J户型垂直反转，卫生间和餐厅对调位置，合并客厅和餐厅。

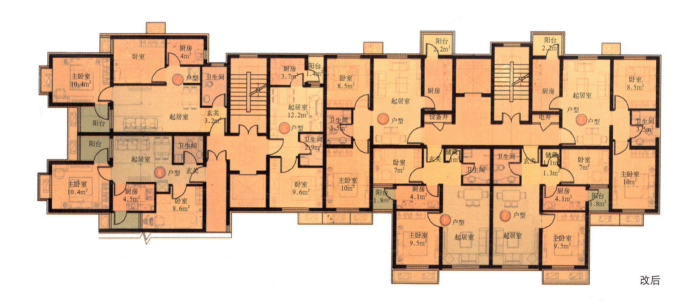

改后

北京顺义区张镇居住区安置房
E 户型

对接安置房

户型分析：二室二厅一卫的 E 户型，为板楼部分的南北户型，采光、通风不错，只是起居室开间超比例，尺度不平衡。

功能布局：起居室开间过大，并且厨房门开在中间，使客厅相当的面积只能用做交通通道，浪费偏大。同时餐厅处在门厅到卧室的通道上，而且直对着卫生间门。

改造重点：上移北外墙，与西单元楼梯外墙取齐；上移卫生间，下墙与结构墙取齐；增加餐厅侧墙，稳定空间的同时，遮挡卫生间门；缩小起居室开间，使其符合正常比例；下移厨房门，稳定电视墙。

首先，将北外墙上移与西单元楼梯外墙取齐。

其次，上移卫生间，下墙与结构墙取齐，扩大主卧进深。

再次，增加餐厅侧墙，稳定空间的同时，遮挡卫生间门。

接着，起居室缩小开间，加大进深，使其符合正常比例。

最后，下移厨房门，稳定电视墙，形成客厅和餐厅的自然分割。

由于起居开间的缩小，结构墙上移取直不会增加面积，反而使比例更加合理。

改前

改后

政策房的设计与改造　定向安置篇

北京顺义区张镇居住区安置房
E户型

对接安置房

改前

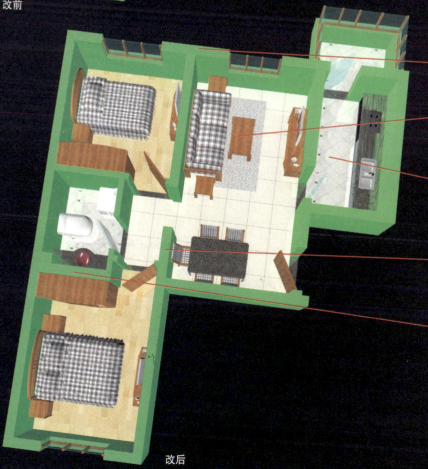

改后

- 北外墙上移与西单元楼梯外墙取齐。
- 起居室缩小开间，加大进深，使其符合正常比例。
- 下移厨房门，稳定电视墙，形成客厅和餐厅的自然分割。
- 增加餐厅侧墙，稳定空间的同时，遮挡卫生间门。
- 上移卫生间，下墙与结构墙取齐，扩大主卧进深。

北京顺义区张镇居住区安置房
J户型

对接安置房

户型分析：二室二厅一卫的J户型，为塔楼部分的西北户型，采光、通风一般。由于楼体开槽局限，次卧采光遮挡较多。客厅半采光，加上阳台遮挡，光线也比较有限。

功能布局：主卧空间比较完整，采光、通风不错，但三面外墙的设计，保温和结构成本都会增加不少。客厅、餐厅和门厅呈阶梯状，空间浪费很大。

改造重点：垂直反转户型，加大楼体开槽，增加采光角度；对调卫生间和餐厅，形成明卫的同时，餐厅也有个稳定的夹角；合并餐厅和客厅，使空间规整；设置冰箱间。

首先，将户型垂直反转。客厅与邻居客厅相邻使开槽加大。

其次，卫生间调整到餐厅处，变成明卫，门避开朝向餐厅。

再次，增加冰箱侧墙，稳定餐厅空间的同时，使起居空间规整。

接着，次卧门开在侧面，保持电视墙的连贯。

最后，横移厨房门，使其共用转换空间。

尽量避免空间过多的分割，否则既不能互相借势，又使交通动线加长。

改前

改后

北京顺义区张镇居住区安置房
J 户型

对接安置房

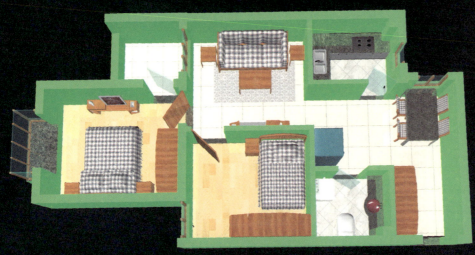

改前

改后

- 横移厨房门，使其共用转换空间。
- 增加冰箱侧墙，稳定餐厅空间的同时，使起居空间规整。
- 卫生间调整到原餐厅处，变成明卫，门避开朝向餐厅。
- 次卧门开在侧面，保持电视墙的连贯。
- 户型垂直反转。客厅与邻居客厅相邻使开槽加大。

北京第二水泥厂安置房
A 座楼层改前

对接安置房

环境氛围：位于北京市石景山区八角地区，东至101铁路，西至体育场西路，南至首钢设备处北侧规划路，北至第二水泥厂项目南侧用地边角界线。其中住宅用地占3.2公顷，地上建筑控制规模约9.1万平方米，容积率2.8，控高60米，绿化率30%。

建设单位：京汉置业集团股份有限公司

设计单位：北京京澳凯芬斯设计有限公司。

楼层分析：该楼由连体板塔楼组成，包括三套两居室和一套一居室。其中A1户型一室二厅一卫，建筑面积56.75平方米，A2户型二室二厅一卫，建筑面积65.53平方米，A3户型二室二厅一卫，建筑面积65.57平方米，A4户型二室二厅一卫，建筑面积65.59平方米。该楼面北侧墙体折角过多，如A1户型和楼梯、电梯管井，特别是楼梯和A4户型间的小空间，用途极为有限，造成公摊加大，仅有76.24%的使用率。

功能布局：A3、A4户型整体设计均衡，面积配比不错。A1、A4户型存在的问题是，餐厅处于过道中，不够稳定。A2户型卧室开间和进深比例不协调。

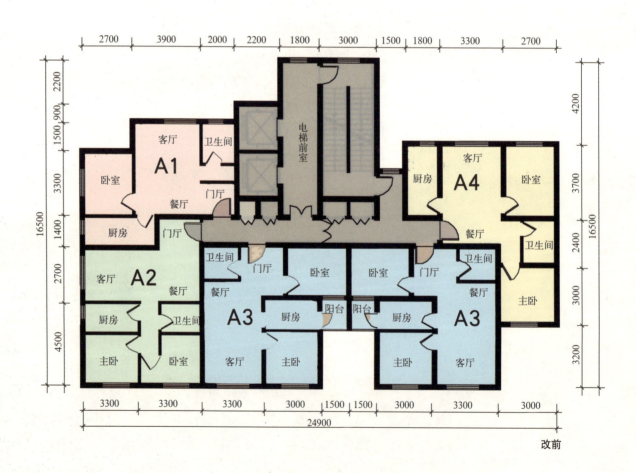

改前

政策房的设计与改造 定向安置篇

北京第二水泥厂安置房
A座楼层改后

对接安置房

改造重点：规整楼面，消除多余的小过厅；扩大客厅开间。

电梯管井与A1户型取齐，拉直北侧外墙；公共走廊的结构墙取齐，调整管线间。

A1户型，卧室和卫生间上移，使餐厅形成稳定的夹角，并且加大厨房开间。

A2户型，加大起居室开间，调整厨房在大门口，同时缩小主卧进深和次卧开间。

A3户型，加大起居室开间，调整大门交通通道。

A4户型，加大次卧开间与主卧一致，同时加大起居室开间。

改造后，楼座北侧外结构墙平直，进深缩短了0.7米，同时各户型开间都加大到3.6米。

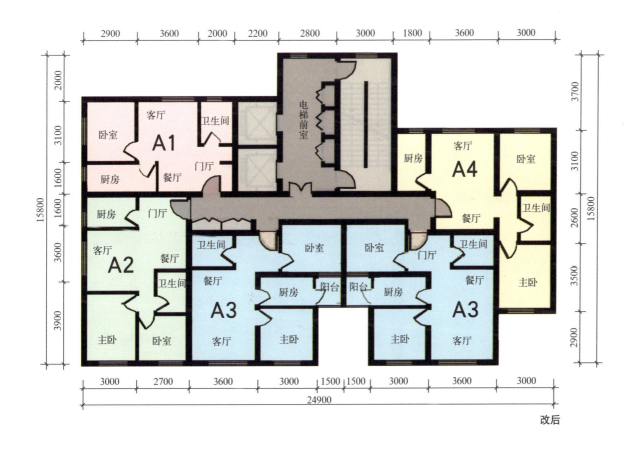

改后

政策房的设计与改造　定向安置篇

北京第二水泥厂安置房
A1 户型

对接安置房

户型分析：一室二厅一卫的A1户型，建筑面积56.75平方米。为板塔楼的塔楼部分西北户型，采光、通风不错。

功能布局：户型整体错位，造成客厅沙发墙和电视墙比例悬殊，同时餐厅处于过道中，很不稳定。

改造重点：规矩户型；缩小客厅开间，与其他户型保持平衡。

一是将卧室上移，取齐北外墙。

二是将厨房上移，加大开间，并使餐厅形成夹角墙。

三是下移卫生间下墙，扩大面积。

四是大门左移，留出衣柜。

户型调整后，格局规整，均好性得到加强。

改前

改后

78

北京第二水泥厂安置房
A1 户型

对接安置房

改前

- 卧室上移，取齐北外墙。
- 厨房上移，并加大开间，使餐厅形成夹角墙。
- 下移卫生间下墙，扩大面积。
- 大门左移，留出衣柜。

改后

北京第二水泥厂安置房
A2 户型

对接安置房

户型分析：二室二厅一卫的 A2 户型，建筑面积 65.53 平方米。为板塔楼的塔楼部分西南户型，采光、通风不错。

功能布局：厨房处在起居室里侧，有一定的交叉干扰。主卧开间大于进深，次卧呈"刀把"形，需要调整。

改造重点：规矩户型；上调厨房到门厅处；调整主卧比例；规矩次卧格局。

一是将厨房上移，使户型规整。

二是将客厅开间加大。

三是加大主卧进深，缩小开间。

四是缩小次卧开间，消除"刀把"形。

户型调整后，交通动线更加合理，空间比例更加协调。

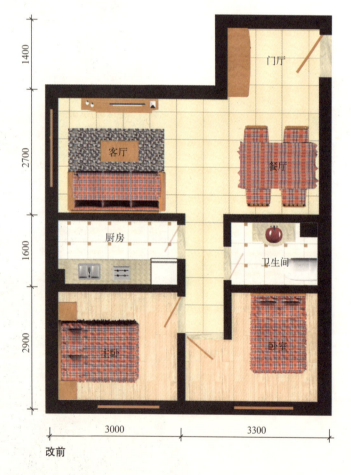

改前

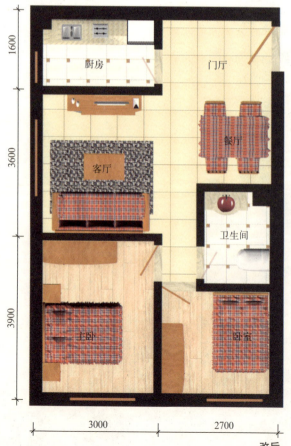

改后

政策房的设计与改造 定向安置篇

北京第二水泥厂安置房
A2 户型

对接安置房

改前

- 厨房上移，使户型规整。
- 客厅开间加大。
- 加大主卧进深，缩小开间。
- 缩小次卧开间，消除"刀把"形。

改后

81

北京第二水泥厂安置房
A3 户型

对接安置房

户型分析：二室二厅一卫的 A3 户型，建筑面积 65.57 平方米。为板塔楼的塔楼部分的对称全南户型，采光不错，通风不好。

功能布局：户型整体配比不错，只是次卧处在开槽内，有采光遮挡夹角，通风会受到来自厨房的影响。

改造重点：增加户型外侧的管线间；缩小起居室的进深和加大开间；调整大门的位置。

一是卫生间下移使客厅进深缩小。

二是加大起居室开间。

三是右移大门。

起居开间加大后，户型舒适度有所提高。

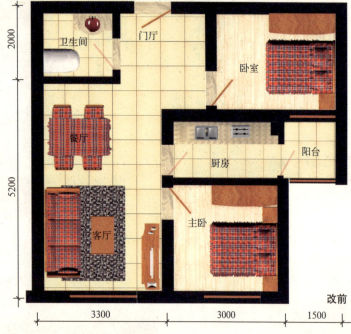

改前

改后

北京第二水泥厂安置房
A2 户型

对接安置房

改前

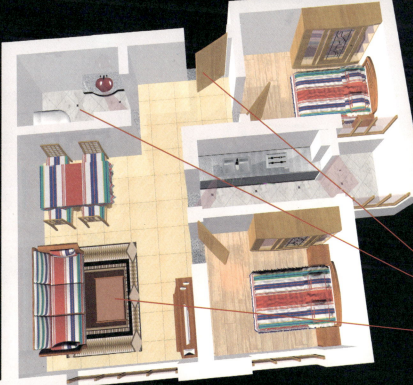

- 右移大门。
- 卫生间下移使客厅进深缩小。
- 加大起居室开间。

改后

北京第二水泥厂安置房
A4 户型

对接安置房

户型分析：二室一厅一卫的 A4 户型，建筑面积 65.59 平方米。为板塔楼的板楼部分的南北户型，采光不错，通风一般。

功能布局：户型中缺少餐厅的位置，使原本挺大的面积，不好使用。次卧和主卧的门没能相对，板楼的优势无法体现。

改造重点：下移餐厅下墙；取齐次卧和主卧的墙，使两个门对开；加大起居室开间。

一是下移餐厅下墙，使餐厅有个相对稳定的空间。

二是左移次卧左墙，与主卧对齐。

三是次卧门改开下面，对着主卧。

四是调整卫生间，门藏在墙后。

五是加大起居室开间。

调整后，起居室分出了客厅和餐厅，通风也变得良好。

改前

改后

政策房的设计与改造　定向安置篇

北京第二水泥厂安置房
A4 户型

对接安置房

改前

- 左移次卧左墙，与主卧对齐。
- 加大起居室开间。
- 次卧门改开下面，对着主卧。
- 调整卫生间，门藏在墙后。
- 下移餐厅下墙，使餐厅有个相对稳定的空间。

改后

北京第二水泥厂安置房
B座楼层改前

对接安置房

楼层分析：该楼为单体塔楼，2梯8户，全部为一居室。其中B1户型建筑面积55.58平方米，B2户型建筑面积55.38平方米，B3户型建筑面积50.86平方米，B4户型建筑面积50.45平方米，使用率80.94%。该楼面北侧墙体开槽多，折角多，形状比较怪异，同时两腰的开槽也过深，难以施工。

功能布局：B1户型面积配比不错，但外墙折角太多，起伏过大。B2户型整体比较均衡。B3户型位置最好，均好性不错，但卧室的凸出对后面产生了遮挡。B4户型布局尚好，但卧室和厨房间走廊偏长，同时外侧的楼体开槽也过深。

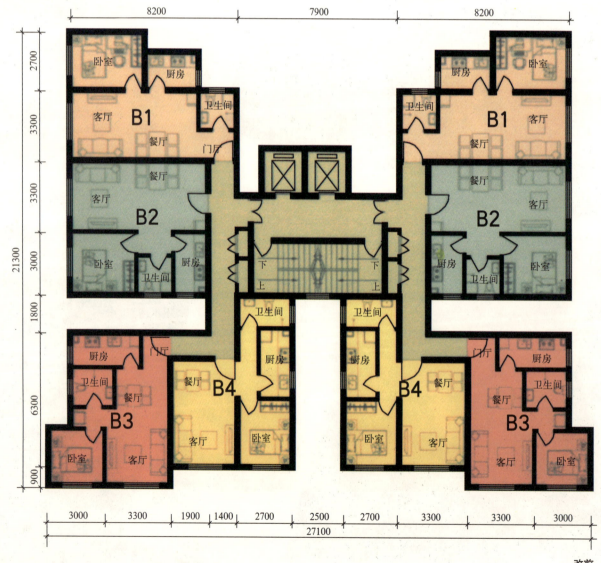

北京第二水泥厂安置房
B座楼层改后

对接安置房

改造重点：缩短楼面总进深，并增加北侧总开间，与南侧对称；合并同时加大开槽开口，缩短开槽进深，保持对称。

楼梯厅和电梯厅调整，合并窗户。

B1户型，卧室、起居室和厨卫采用横向布局，规矩外墙。

B2户型，加大厨房，使其直接采光，同时缩短开槽进深。

B3户型，加大卧室，对调厨卫位置。

B4户型，取直南墙，加大起居进深，对调厨卫位置，缩短开槽进深。

调整后，楼面规整、对称，总进深缩短了2.7米。

改后

北京第二水泥厂安置房
B1 户型

对接安置房

户型分析：一室二厅一卫的 B1 户型，建筑面积 55.58 平方米。为塔楼的西北、东北户型，采光、通风不错。

功能布局：户型布局没问题，主要是因为调整楼面，所以起居部分采用横向展开，牺牲了东西向的一个采光面，换来了整个楼面的进深缩短 2.7 米，节约了土地。另外，厨房也加大了操作动线。

改造重点：居室横向展开，规矩北侧楼面；加大卧室开间，缩短进深；加大厨房。

一是将卧室设置在起居侧面，开间从 2.7 米扩大为 3.3 米。

二是客厅和餐厅横向展开，充分利用北侧采光。

三是卫生间设在门厅上端。

四是厨房加大面积和操作动线。

改造后户型格局规整，面积紧凑，使用率有所提高。

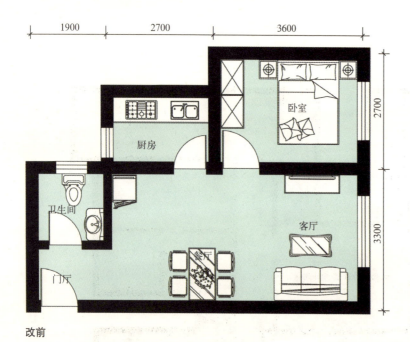

改前

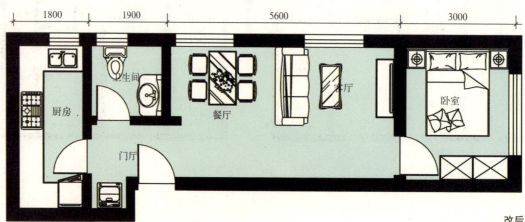

改后

政策房的设计与改造 定向安置篇

北京第二水泥厂安置房
B1 户型

对接安置房

改前

改后

- 卧室设置在起居侧面，开间从2.7米扩大为3.3米。
- 客厅和餐厅横向展开，充分利用北侧采光。
- 卫生间设在门厅上端。
- 厨房加大面积和操作动线。

89

北京第二水泥厂安置房
B3 户型

对接安置房

户型分析：一室二厅一卫的B3户型，建筑面积50.86平方米。为塔楼的西南、东南户型，采光、通风最佳。

功能布局：户型主要问题是：卧室无法放置衣柜；餐桌堵在厨房门口；卫生间洁具摆放不规矩。

改造重点：对调厨房和卫生间；加大卧室进深；规矩起居开间；门厅设置衣柜。

一是将厨房和卫生间对调。
二是厨房设置在侧面。
三是卫生间洁具合理摆放。
四是加大卧室进深，使能放进衣柜。
五是起居室方正，使餐厅有稳定的夹角。
六是门厅设置衣柜。
调整后的卧室和起居空间加大虽然不多，但摆放家具却极为适宜。

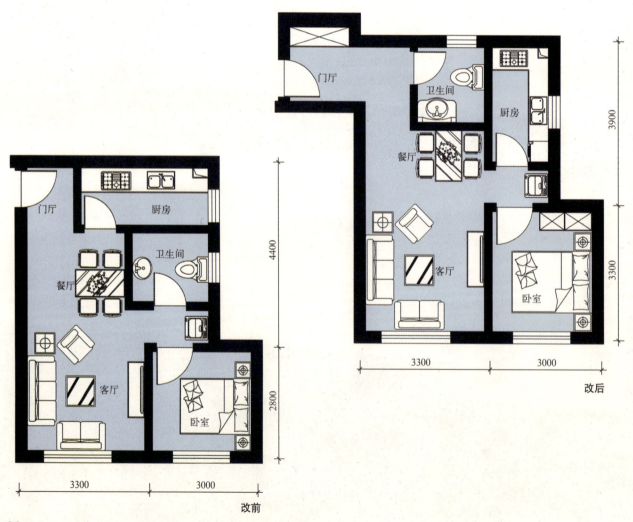

北京第二水泥厂安置房
B3 户型

政策房的设计与改造 定向安置篇

对接安置房

改前

改后

- 门厅设置衣柜。
- 卫生间洁具合理摆放。
- 厨房设置在侧面。
- 起居室方正,使餐厅有稳定的夹角。
- 加大卧室进深,使能放进衣柜。

北京第二水泥厂安置房

B4 户型

对接安置房

户型分析：一室二厅一卫的 B4 户型，建筑面积 50.45 平方米。为塔楼的全南户型，采光不错，通风不好。

功能布局：户型主要问题是：卧室和厨房间通道过长，餐厅和客厅有点局促。

改造重点：对调厨房和卫生间；加大起居室进深。

一是将厨房和卫生间对调，并将厨房横向布局直接采光。

二是卫生间加大后可以放置小浴缸。

三是起居室进深加大，餐厅和客厅分离。

调整后的交通面积补偿到居室里，并且交通动线也缩短了。

改前

改后

北京第二水泥厂安置房
B4 户型

对接安置房

改前

改后

- 厨房和卫生间对调，并将厨房横向布局直接采光。
- 卫生间加大后可以放置小浴缸。
- 起居室进深加大，餐厅和客厅分离。

北京第二水泥厂安置房
C 座楼层改前

对接安置房

楼层分析：该楼为 L 形单体板塔楼，2 梯 8 户，1 套两居室，7 套一居室。其中一居室中 C1 户型建筑面积 47.45 平方米，C2 户型建筑面积 54.64 平方米，C3 户型建筑面积 52.17 平方米，C5 户型建筑面积 46.72 平方米；二居室的 C4 户型建筑面积 55.62 平方米，由于楼道偏长，使用率仅为 76.49%。该楼面餐墙体凹槽多，折角多，形状起伏大。

功能布局：C1 户型较多，C5 户型与其形状接近，问题都是起居开间小，卫生间面积不足。C2 户型位置最好，均好性不错。C3 户型布局尚好，但餐厅无稳定的空间。C4 户型为板楼格局，南北通透，但缺乏餐厅的位置。

改前

北京第二水泥厂安置房
C 座楼层改后

对接安置房

改造重点： 下移 C4 户型，合并与楼梯厅间的小过厅；横移电梯井，与 C1 户型交错；加宽公共楼道。

C1 户型，加宽起居室，扩大卫生间，同时设置门厅，使餐厅有相对稳定的位置。

C5 户型，加大起居室，缩短大门交通通道。

C2 户型，加大起居室开间和卧室进深。

C3 户型，增加洗衣间，稳定餐厅。

C4 户型，调整整体位置横向设置起居室。

改造后，公共走廊平直、宽敞、楼座整齐。

改后

北京第二水泥厂安置房
C1 户型

对接安置房

户型分析：一室二厅一卫的C1户型，建筑面积47.45平方米。为板塔楼的东向塔楼户型，客厅为半采光，与厨房共用采光口，通风、采光均受限制。

功能布局：户型主要问题是起居室开间稍小，卫生间旁空间浪费过大，同时餐厅处在过道中。

改造重点：将本单元户型与电梯井交错设计，加大起居开间的同时，消化卫生间旁的空间。

一是将本单元户型与电梯井交错设计，留出小门厅。

二是起居室开间加大，放入餐厅。

三是加大卧室进深。

交错设计，不仅消化了浪费的空间，还使起居室的面积有效增大。

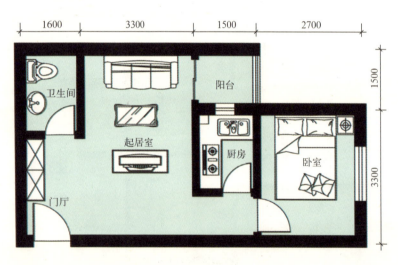

改前

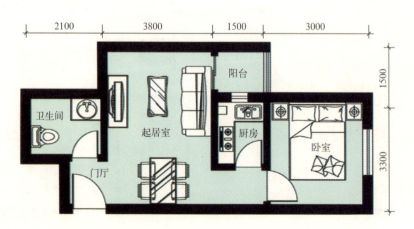

改后

北京第二水泥厂安置房 C1 户型

对接安置房

改前

- 将本单元户型与电梯井交错设计,留出小门厅。
- 起居室开间加大。
- 放入餐厅。
- 加大卧室进深。

北京第二水泥厂安置房
C4 户型

对接安置房

户型分析：二室一厅一卫的C4户型，建筑面积55.62平方米。为板塔楼的南北板楼户型，采光、通风不错。

功能布局：户型主要问题是餐厅设置在通道中，有些拥堵。另外，户型右侧和楼梯厅结合部的小过厅有些浪费，增大了公摊面积。

改造重点：户型整体下移；加大起居室开间，缩短进深；次卧右墙右移与主卧右墙对齐。

一是将户型下移，南墙与邻近户型取齐。

二是客厅和餐厅横向展开，充分利用北侧采光。

三是扩大次卧开间。

起居室横向设置，餐厅面积充裕。

政策房的设计与改造　定向安置篇

北京第二水泥厂安置房
C4 户型

对接安置房

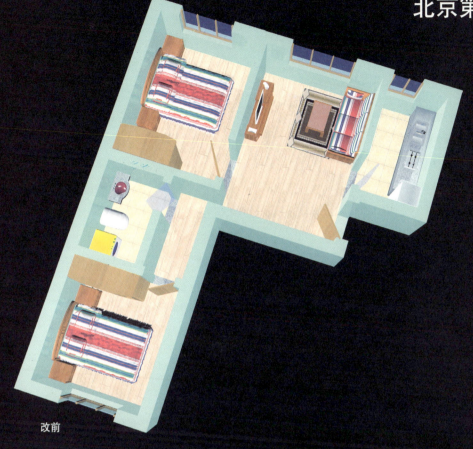

改前

改后

- 客厅和餐厅横向展开，充分利用北侧采光。
- 扩大次卧开间。
- 户型下移，南墙与邻近户型取齐。

99

北京水碾屯村定向安置房
楼层改前

对接安置房

环境氛围：位于北京市房山区新城良乡组团的东部，京广铁路以东，喇叭河以南，小清河西侧，隶属房山新城良乡组团10号街区控制性详细规划范围之内。占地10.78公顷，建设用地4.89公顷，总建筑面积11.2万平方米。安置对象为长阳镇水碾屯村人口，共2029人。

建设单位：北京华纺房地产开发公司。

设计单位：北京世纪安泰建筑工程设计有限公司。

楼层分析：该住宅为多个1梯3户的板塔楼单元组成，其中A1户型一室二厅一卫，建筑面积62.34平方米，B2户型二室二厅一卫，建筑面积88.06平方米，C1户型三室二厅一卫，建筑面积116.50平方米。由于楼层设计紧凑，使用率达85.93%。

功能布局：楼面在B2户型的卧室部分进深有所收缩，出现遮挡夹角。A1户型餐厅和客厅虽然分开，但有些错位。C1户型整体比较平衡，但餐厅直对着大门，有些别扭。

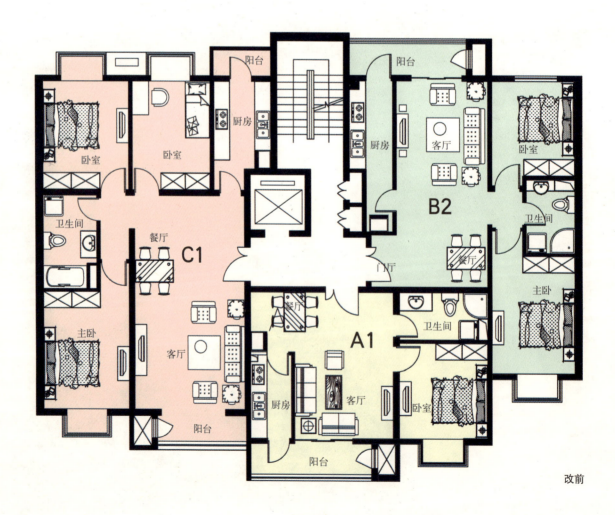

改前

政策房的设计与改造 定向安置篇

北京水碾屯村定向安置房
楼层改后

对接安置房

改造重点： 电梯调整到楼梯对面，同时取齐B2户型的卧室南墙，缩短北阳台进深，平衡楼面。

A1户型，上移起居室上墙，分出餐厅和客厅。

B2户型，加大起居室开间并缩短进深，加深卧室和厨房进深。

C1户型，上移大门，餐厅设置到大门下端，同时调整卫生间门和洁具。

调整后，楼座平面平衡、户型尺度协调。

改后

北京水碾屯村定向安置房
C1 户型

对接安置房

户型分析：三室二厅一卫的 C1 户型，建筑面积 116.50 平方米，为板塔楼的板楼部分南北户型，采光、通风不错。

功能布局：户型为标准板楼三居格局，整体比较均衡。结合电梯厅调整，缩小厨房开间，让位于邻近的 B2 户型的客厅。

改造重点：缩小厨房开间，变成单排厨柜；上移大门厅；下移卫生间门，藏在墙后，并调整洁具。

一是将厨房开间缩小成单排厨柜。

二是将大门厅上移，餐厅设置在下侧。

三是下移卫生间门。

四是洗手台调整至上端。

户型空间变化不大，但门的调整改变了区域的位置。

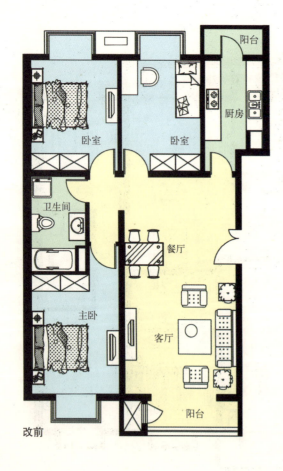

改前

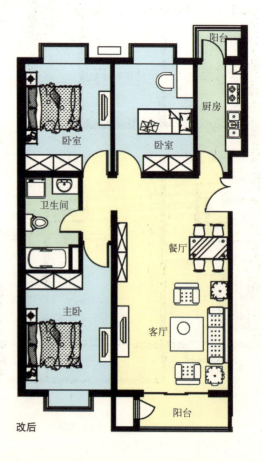

改后

北京水碾屯村定向安置房
C1 户型

对接安置房

改前

改后

- 厨房开间缩小成单排厨柜。
- 大门厅上移，餐厅设置在下侧。
- 洗手台调整至上端。
- 下移卫生间门。

北京水碾屯村定向安置房
B2 户型

对接安置房

户型分析： 二室二厅一卫的 B2 户型，建筑面积 88.06 平方米，为板塔楼的板楼部分南北户型，采光、通风不错，但主卧有遮挡。

功能布局： 户型为标准板楼二居格局，整体比较均衡，主要问题是厨房入门处过长，卫生间略显局促。

改造重点： 户型南墙与邻近户型取齐；缩小厨房入门面积；扩大客厅开间；缩短餐厅进深；扩大卫生间。

一是将主卧南墙下移与邻近户型取齐。

二是将大门上移，缩小厨房入门面积，并改开门朝向门厅。

三是扩大客厅开间 40 厘米。

四是缩短餐厅进深。

五是扩大卫生间进深，使之放入浴缸。

户型调整后的开间和进深更为协调，尤其是客厅的增大，与邻近户型保持了平衡。

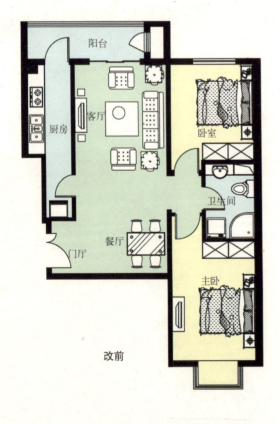

改前

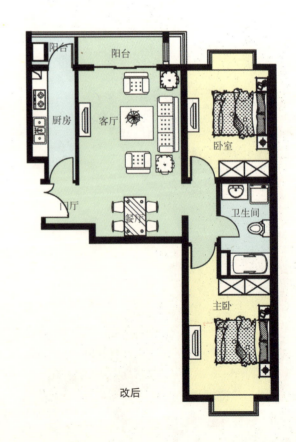

改后

北京水碾屯村定向安置房
B2 户型

对接安置房

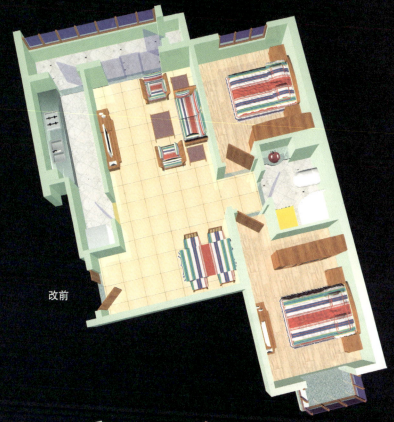

改前

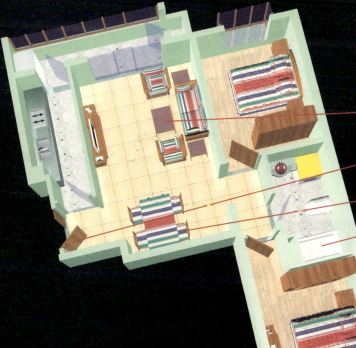

改后

- 扩大客厅开间40厘米。
- 大门上移，缩小厨房入门面积，并改开门朝向门厅。
- 缩短餐厅进深。
- 扩大卫生间进深，使之放入浴缸。
- 主卧南墙下移与邻近户型取齐。

北京水碾屯村定向安置房
A1 户型

对接安置房

户型分析：一室二厅一卫的A1户型，建筑面积62.34平方米，为板塔楼的塔楼部分全南户型，采光不错，通风较差。

功能布局：户型格局规矩，厨房上端虽然用作餐厅，但浪费了大门旁的位置，并且空间错位，影响视觉。

改造重点：结合电梯厅的调整，缩短厨房上端进深，加大门厅旁和卫生间的进深。

一是将厨房上部空间压缩，门改开向客厅。

二是将门厅上墙上移，留出餐厅。

三是上移卫生间上墙，扩大面积。

四是分隔厨房和客厅阳台。

户型调整后，起居室区域分配合理，卫生间也分出了洗衣间。

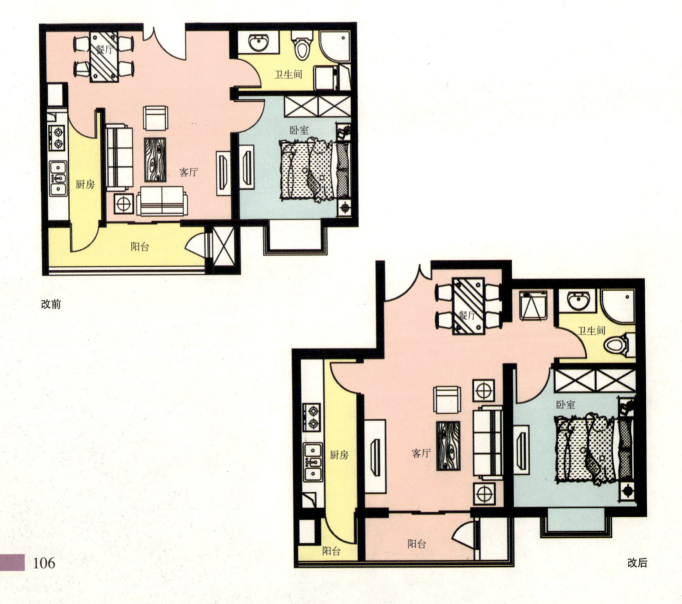

改前

改后

政策房的设计与改造 定向安置篇

北京水碾屯村定向安置房
A1 户型

对接安置房

改前

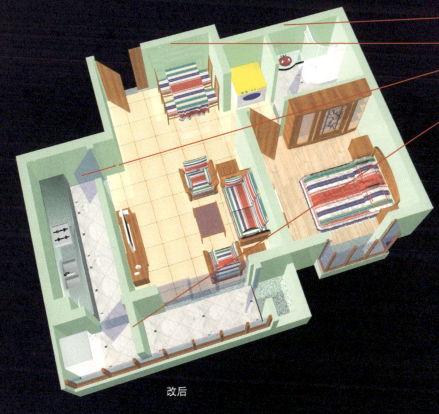

- 上移卫生间上墙，扩大面积。
- 门厅上墙上移，留出餐厅。
- 厨房上部空间压缩，门改开向客厅。
- 分隔厨房和客厅阳台。

改后

动迁安置房

动迁安置房是指在人民政府实施土地储备地块、非经营性公益性项目建设、城市基础设施建设和军事设施建设等行政划拨用地的拆迁过程中，以确定的价格和套型面积向具有本市市区户口（含农业职业）的被拆迁人定向销售的住宅房屋。

市政工程动迁和房产开发动迁

动迁安置房一般分为市政工程动迁和房产开发动迁两种。

市政工程动迁指因重大市政工程建设，为动迁居民而建造配套商品房或配购中低价商品房，如上海为建设世博园，在黄浦江两岸进行了世博动迁，按照有关方面的规定，被安置人获得了配套商品房，房屋产权属于个人所有，但在取得所有权的5年之内不能上市交易。

房产开发动迁指因房产开发等因素而动迁，拆迁公司通过其他途径安置或代为安置人购买了中低价位商品房，该类商品房和一般的商品房相比没有什么区别，属于被安置人的私有财产，没有转让期限的限制，可以自由上市交易。

拆迁安置房和拆迁回迁房

动迁安置房包括拆迁安置房和拆迁回迁房。

拆迁安置房是指在非拆迁原地安置的房屋，而拆迁回迁房则是指在拆迁原地安置的房屋。它们之间的区别是拆迁补偿的房屋是否在原拆迁地。

不管哪种方式补偿，动迁安置房都需具备三个条件：

符合设计规范；每套房屋面积不低于45平方米；符合国家安全和技术标准，具体说要有房屋验收合格证，所有的证照应齐全，从修建到竣工都必须达到安全标准。

北京开发区12平方公里项目拆迁安置房
丙单元楼层改前

动迁安置房

环境氛围：位于北京亦庄经济技术开发区西南部，东至博兴八路，西至博兴西路，北至泰河路，南至泰河三街。项目占地76万平方米，总建筑面积225万平方米，绿化率30%，容积率2.08。该项目为18个村的农民拆迁安置房，征地面积12平方公里。

建设单位：北京经济技术投资开发总公司。

设计单位：北京市住宅建筑设计研究院有限公司。

楼层分析：该楼面为1梯3户的连体板塔楼中的丙单元，包括：二室二厅一卫的D户型，建筑面积84.53平方米；一室一厅一卫的E户型，建筑面积47.97平方米；一室一厅一卫的F户型，建筑面积60.52平方米；使用率80.78%。

功能布局：楼面基本平衡，空间利用率较高，但D户型主卧因与卫生间共用入口，空间呈现"刀把"形。同时E户型起居室的进深受楼面总开间的限制，F户型受进深的限制，餐厅和客厅都比较拥挤。另外，D户型南部的阳台与楼面有点错位，不太合理。

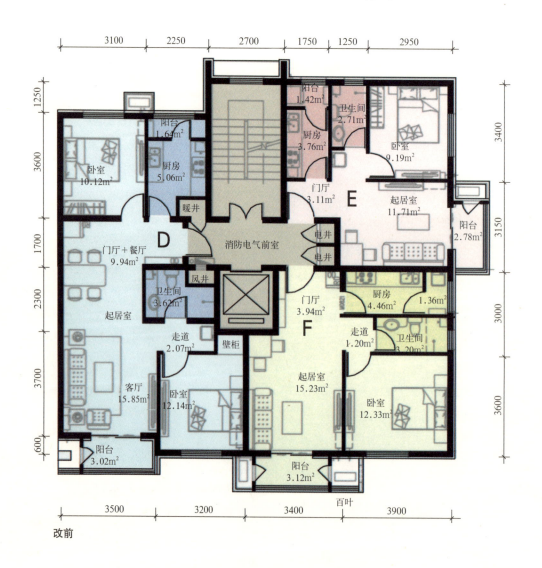

改前

政策房的设计与改造　定向安置篇

北京开发区12平方公里项目拆迁安置房
丙单元楼层改后

动迁安置房

改造重点：左移楼梯，缩小D户型厨房开间的同时，增加E户型的总开间。

D户型，卫生间取方，开门朝向门厅，同时主卧规矩格局，并增加阳台。

E户型，加大起居室进深和开间，取方卧室。

F户型，左移电梯后，门厅让出餐厅。

改造后，楼座外墙平直，户型起居室部分进深加大，分出了客厅和餐厅，并且开间加大。

改后

北京开发区 12 平方公里项目拆迁安置房
D 户型

动迁安置房

户型分析：二室二厅一卫的 D 户型，建筑面积 84.53 平方米。为板塔楼的板楼户型，采光、通风不错。

功能布局：户型布局中规中矩，但卫生间和主卧间的交通空间可以合并消化，增大有效面积。另外南侧的阳台可以调整到主卧，与邻近户型取齐。

改造重点：缩小厨房开间，加大进深，保持北外墙的取齐；扩大次卧和主卧开间；规矩主卧；取方卫生间；调整阳台。

一是将厨房随楼梯左移缩小开间，同时加大进深，补偿面积，阳台与邻近户型对称。

二是右移次卧右墙 20 厘米，扩大开间。

三是左移主卧开间 20 厘米，扩大开间，同时规矩主卧，门开向客厅。

四是卫生间取方尺度，门开向门厅。

五是阳台改在主卧。

户型调整厨房和阳台，是为了保持楼面平衡；调整起居和主卧、厨房和次卧开间，是为了保持与邻近户型的配比平衡。

改前

改后

公里项目拆迁安置房 D户型

动迁安置房

改前

改后

● 厨房随楼梯左移缩小开间，同时加大进深，补偿面积，阳台与邻近户型对称。

● 右移次卧右墙20厘米，扩大开间。

● 卫生间取方尺度，门开向门厅。

● 左移主卧开间20厘米，扩大开间，同时规矩主卧门开向客厅

北京开发区12平方公里项目拆迁安置房
E户型

动迁安置房

户型分析：一室一厅一卫的E户型，建筑面积47.97平方米。为板塔楼的塔楼户型，两面采光，通风也不错。

功能布局：户型整体格局方正，空间布局合理，存在主要问题是：餐厅和客厅拥挤。

改造重点：结合楼梯厅左移，扩大户型总开间；扩大卫生间开间，变成干湿分离；扩大次卧进深，缩小开间；扩大起居室开间和进深；缩小门厅。

一是将户型左墙随楼梯左移，扩大户型总开间。

二是扩大卫生间开间，缩小进深，变成干湿分离。

三是扩大次卧进深，缩小开间，使面积变化不大。

四是扩大起居室开间30厘米，增加进深60厘米。

五是缩小门厅进深。

户型调整后，卫生间和次卧方正，便于摆放洁具和家具，起居室的餐厅和客厅有所分离。

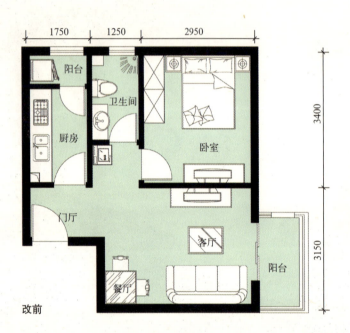

改前

改后

政策房的设计与改造 定向安置篇

北京开发区 12 平方公里项目拆迁安置房
E 户型

动迁安置房

改前

- 扩大次卧进深，缩小开间，使面积变化不大。
- 扩大卫生间开间，缩小进深，变成干湿分离。
- 户型左墙随楼梯左移，扩大户型总开间。
- 缩小门厅进深。
- 扩大起居室开间 30 厘米，增加进深 60 厘米。

改后

北京开发区 12 平方公里项目拆迁安置房
F 户型

动迁安置房

户型分析：一室一厅一卫的 F 户型，建筑面积 60.52 平方米。为板塔楼的塔楼户型，两面采光，通风不错。

功能布局：户型整体格局方正，光线明亮，空间布局适宜，但卧室开间大于起居室，并且餐厅和客厅有些拥挤。

改造重点：结合电梯井左移，扩大门厅的开间；右移起居室的右墙，使起居室开间与卧室开间一样为 3.65 米。

一是将户型左墙随电梯左移，扩大门厅开间，将餐厅移入。

二是右移起居室右墙，保持 3.65 米开间，使其宽裕。

三是改开厨房门朝下。

户型增加了一点点面积，但起居空间的客厅和餐厅明显改善。

改前

改后

政策房的设计与改造　定向安置篇

北京开发区12平方公里项目拆迁安置房
F户型

动迁安置房

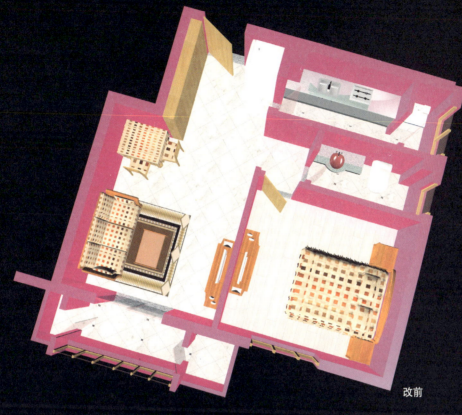

改前

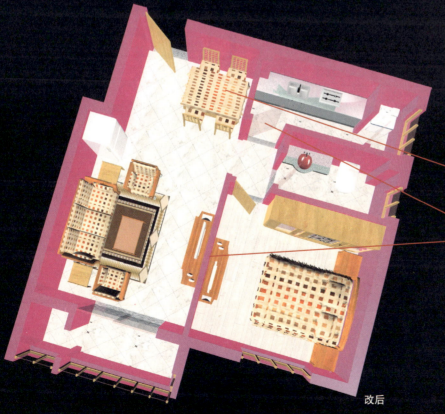

- 户型左墙随电梯左移，扩大门厅开间，将餐厅移入。
- 改开厨房门朝下。
- 右移起居室右墙，保持3.65米开间，使其宽裕。

改后

117

北京高碑店北花园居住小区定向安置房
边单元楼层改前

动迁安置房

环境氛围：位于北京市朝阳区高碑店乡和三间房乡。紧邻轨道交通和京通路。北临通惠河、东至三间房乡、南接双桥铁路编组站、西靠东五环路。占地50.77万平方米，建设用地25.09万平方米，住宅建筑面积67.46万平方米，配套公建面积5.41万平方米，建筑控高80米，绿化率30%，项目安置18791人，8600套。全部为南北板楼。

建设单位：北京国隆置业有限公司

设计单位：北京奥兰斯特建筑工程设计有限责任公司。

楼层分析：该楼座由3个2梯4户的单元组成，该单元为边单元，由两套三居室和两套一居室组成。存在问题是：楼梯向北凸出较多，楼面左右不够平衡。

功能布局：01户型均好性不错，餐厅对着大门，有些阻碍。02、03户型主卧和客厅均为半采光，并且客厅和餐厅位置倒置。04户型餐厅和客厅没能分开，空间有些局促。

改前

政策房的设计与改造 定向安置篇

北京高碑店北花园居住小区定向安置房
边单元楼层改后

动迁安置房

改造重点：楼座楼梯厅下移，缩短2.7米进深，节约占地空间。

01户型，大门上移，留出餐厅。

04户型，上移两个卧室和卫生间，采用与01户型的对称设计。

02、03户型，次卧和厨房采用楼体开槽采光，节约开间，将起居和主卧扩大成全采光，保证舒适度。

改造后，楼座平面对称，北侧外墙取直，进深缩短了1.5米，节约了成本。户型主要空间变成了全采光，提高了舒适度。

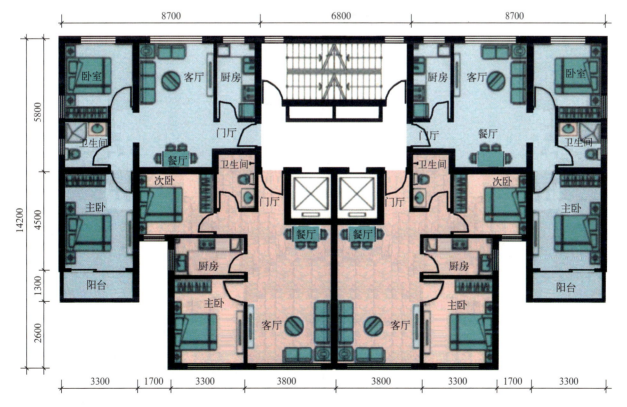

改后

北京高碑店北花园居住小区定向安置房
04 户型

动迁安置房

户型分析：二室二厅一卫的 04 户型，为板塔楼的板楼部分南北户型，北侧外墙因左半户型下移，出现了折角。

功能布局：原本应该设计与 01 户型对称，但卧室和卫生间部分下错，既造成了次卧门旁出现了折角，又使餐厅和客厅挤在一起。

改造重点：上移卧室和卫生间；分离餐厅和客厅；调整洁具。

一是上移卧室和卫生间，与 01 户型对称。

二是餐厅设置在下侧的凹空间里。

三是卫生间调整洁具。

户型空间变化不大，但不仅使区域划分更明确，北侧外墙也规整了。

改前　　　　　　　　　改后

政策房的设计与改造 定向安置篇

北京高碑店北花园居住小区定向安置房
04 户型

动迁安置房

改前

- 上移卧室和卫生间,与01户型对称。

- 餐厅设置在下侧的凹空间里。
- 卫生间调整洁具。

改后

北京高碑店北花园居住小区定向安置房
02 户型

动迁安置房

户型分析： 二室二厅一卫的 02 户型，为板塔楼的塔楼部分的全南户型，与 03 户型对称，整体格局看起来很方正，但主卧和起居室呈"刀把"形。

功能布局： 户型只有两个半采光口，厨房和次卧占用了一个半，主卧和起居室只能是各占半个采光口，并且餐厅和客厅功能倒置，干扰很大。

改造重点： 楼体增加开槽，占用半个采光口，满足次卫和厨房的采光需要；起居占用整个采光口，并使客厅位于窗前；主卧占用整个采光口。

一是上移次卧室位于开槽上端。

二是厨房设置在次卧下端，利用开槽侧采光，门对着餐厅。

三是卫生间上调至门厅旁。

四是起居室扩大成整开间，分出客厅和餐厅。

户型面积变化不大，但主要居室开间完整，起居室门厅、餐厅和客厅划分明确。

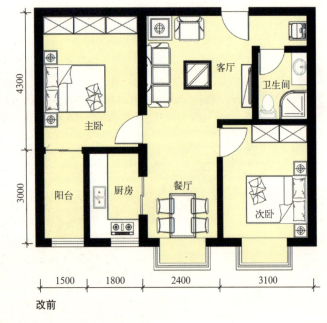

改前

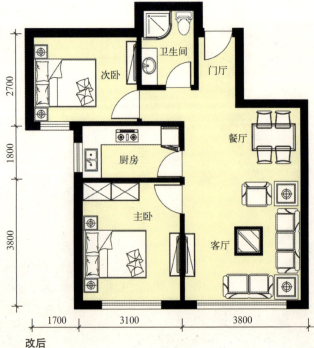

改后

政策房的设计与改造 定向安置篇

北京高碑店北花园居住小区定向安置房
02 户型

动迁安置房

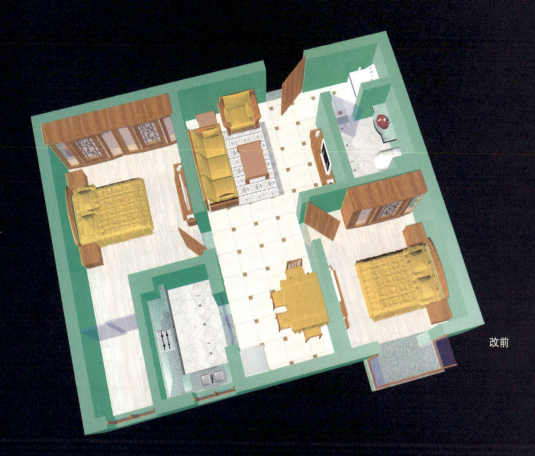

改前

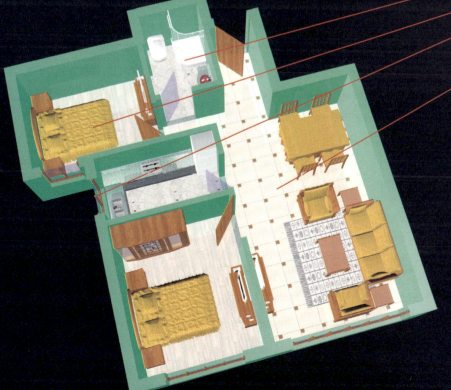

- 卫生间上调至门厅旁。
- 上移次卧室位于开槽上端。
- 厨房设置在次卧下端，利用开槽侧采光，门对着餐厅。
- 起居室扩大成整开间，分出客厅和餐厅。

改后

北京高碑店北花园居住小区定向安置房
01 户型

> 动迁安置房

户型分析：二室二厅一卫的 01 户型，为板塔楼的板楼部分南北户型，格局规整，采光、通风不错。

功能布局：户型存在小小的瑕疵是，餐厅直接对着大门，有些干扰。

改造重点：结合电梯、楼梯的调整，上移大门；餐厅设置相对稳定的空间；调整洁具。

一是上移大门，增加门厅。

二是餐厅设置在下侧的凹空间里。

三是卫生间调整洁具。

户型空间变化不大，但区域划分更明确。

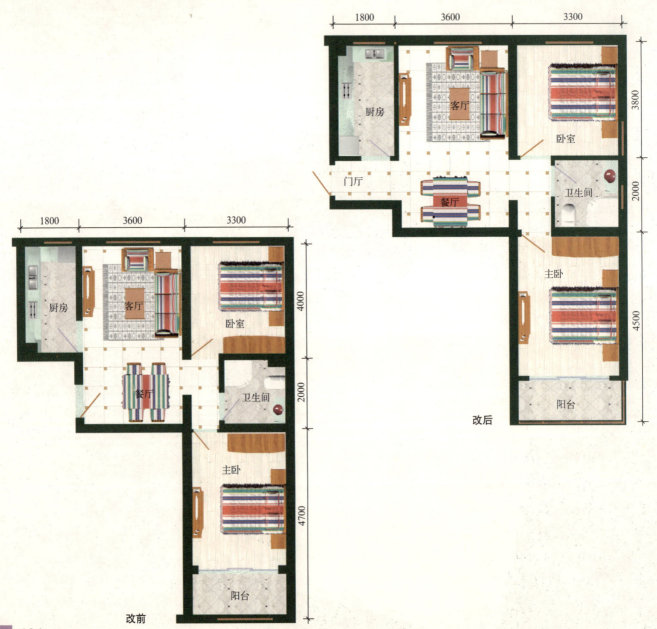

政策房的设计与改造　定向安置篇

北京高碑店北花园居住小区定向安置房
01 户型

动迁安置房

改前

改后

● 卫生间调整洁具。
● 移大门,增加门厅。
● 餐厅设置在下侧的凹空间里,保持稳定。

125

北京海淀区八家地回迁安置房
楼层改前

动迁安置房

环境氛围： 位于北京市海淀区东升乡，南临八家东西线，东接双清路，北挨郊野公园。项目建设用地11.73公顷，总建筑面积46.6万平方米，建筑高度80米，绿化率35%，容积率2.88，共3926户，约回迁10993人。

建设单位： 北京八家嘉苑房地产开发有限公司

设计单位： 北京新夏建筑设计有限责任公司

楼层分析： 该住宅为两个2梯4户板塔楼连体，对称布局，每个单元包括：二室二厅一卫的B-1户型，建筑面积92.66平方米；一室二厅一卫的B-2户型，建筑面积63.92平方米；二室二厅一卫的B-3户型，建筑面积88.07平方米；二室二厅一卫的B-4户型，建筑面积93.91平方米。存在问题是：B-2和B-3户型南墙错落，楼面不够平衡。

功能布局： 户型中面积配比整体不错，设计有角飘窗、飘窗和落地窗，观景比较方便，需要调整的仅仅是B-2户型加大客厅进深，B-3户型缩小客厅进深，B-4户型加大主卧进深，使南侧楼面对称。

改前

北京海淀区八家地回迁安置房
楼层改后

动迁安置房

改造重点：加大 B-2 户型客厅进深，缩小 B-3 户型客厅进深，加大主卧进深，平衡楼面。

B-2 户型，客厅进深加大约 50 厘米，厨房改成推拉门。

B-3 户型，客厅进深缩短约 50 厘米，厨房改成推拉门。

B-4 户型，门厅开间因邻近户型卫生间上移，进行收缩，使餐厅处在半凹槽中。

改造后，南侧楼面平衡对称，总进深缩短了 0.8 米。

改后

北京海淀区八家地回迁安置房
B-4 户型

动迁安置房

户型分析：二室二厅一卫的B-4户型，为板塔楼的板楼部分南北户型，主卧有采光、观景遮挡夹角。

功能布局：考虑到与B-1户型对称，主卧进深适当加大，保持立面平整。加上收缩了B-3客厅的进深，主卧的采光、遮挡夹角减少。

改造重点：上移B-3户型卫生间，使B-4餐厅相对稳定；加大主卧进深。

一是上移邻居户型卫生间，使餐厅处在凹槽中。

二是主卧下墙下移，与B-1户型南墙取齐。户型空间变化不大，但调整使楼面整体平衡。

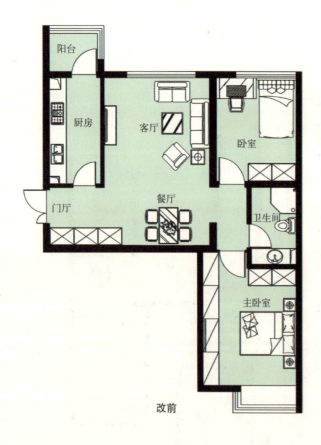

改前

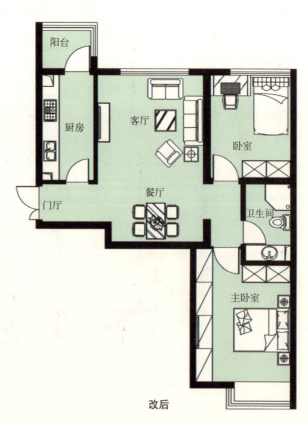

改后

政策房的设计与改造 定向安置篇

北京海淀区八家地回迁安置房
B-4 户型

动迁安置房

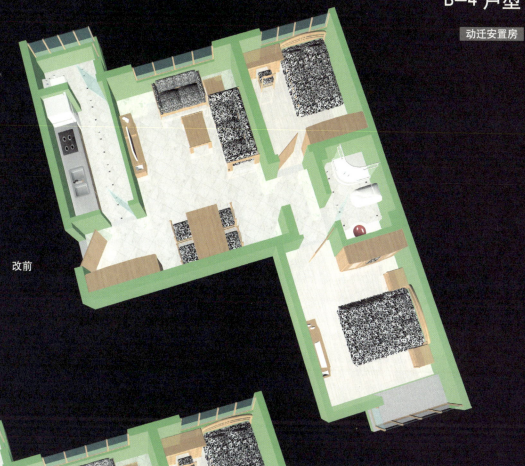

改前

改后

● 上移邻居户型卫生间，使B-4餐厅处在凹槽中。
● 主卧下墙下移，与B-1户型南墙取齐。

129

北京三间房乡D区农民回迁安置房
C座中单元楼层改前

动迁安置房

环境氛围： 位于北京市朝阳区东部，京通快速路沿线，北临平房乡和常营乡，东接管庄乡，南挨豆各庄乡，西邻高碑店乡。该乡选定D区内的D1、D2、D3和C2四块用地作为一级开发定向安置用地，总建筑面积11.92公顷，总建筑面积42万平方米，涉及安置人口6229人。其中D1项目用地1.73公顷，建筑面积6万平方米，绿化率32%，容积率32%，计596户。

建设单位： 北京京通天泰房地产开发有限公司

设计单位： 北京中外建筑设计有限公司

楼层分析： 该楼为三连体板塔楼，其中中单元1梯4户：C1-1户型一室一厅一卫，建筑面积56.49平方米；C2-1户型二室二厅一卫，建筑面积83.06平方米；左右对称布局，使用率80%。为使楼面平衡，北侧的楼梯凹槽可以调整取齐。

功能布局： 主要问题是：C1-1户型餐厅开间稍小，次卧的开间远大于进深也不合理，同时干湿分离的卫生间也有些局促；C2-1户型餐厅堵在大门口。

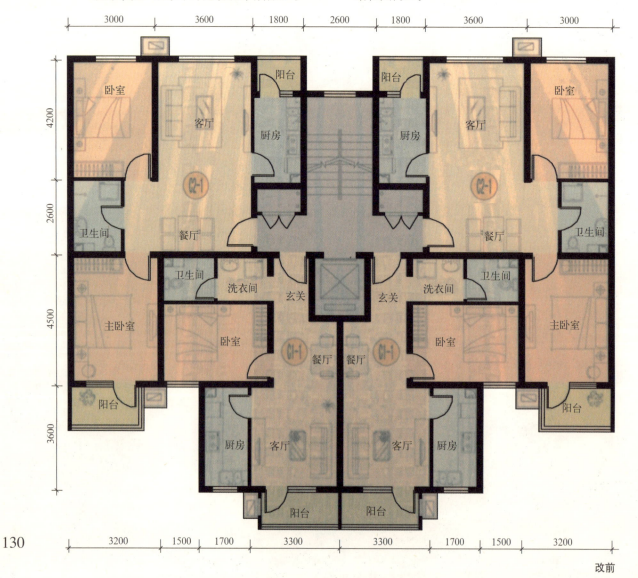

改前

北京三间房乡D区农民回迁安置房
C座中单元楼层改后

动迁安置房

改造重点：楼梯和电梯井上移，与楼面北墙取齐。

C2-1户型，上移大门，增加餐厅左墙，遮挡卫生间。

C1-1户型，卧室偏转90°，使门厅、餐厅和客厅左墙取齐，规矩起居室空间。

上移电梯和楼梯管井，不仅使楼座北侧外墙取齐，节约成本，而且餐厅也更加稳定，次卧室比例合理。

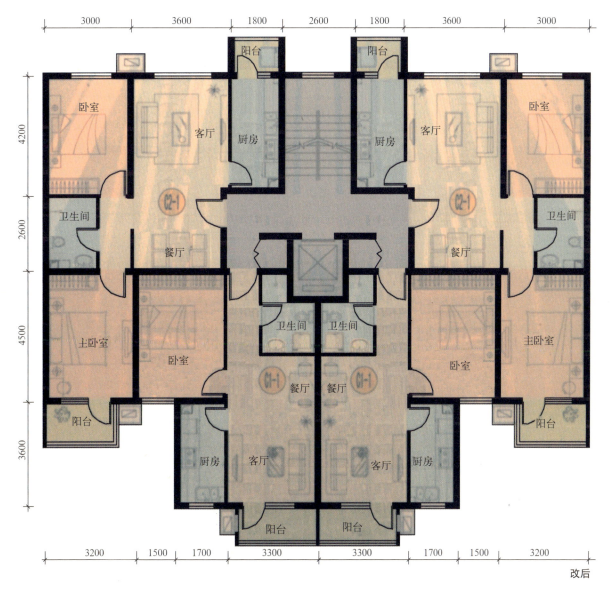

改后

北京三间房乡D区农民回迁安置房
C座中单元C2-1户型

动迁安置房

户型分析： 二室二厅一卫的C2-1户型，建筑面积83.06平方米，使用率80%，为板塔楼板楼部分的标准南北户型，采光不错，通风尚好。

功能布局： 餐厅处在大门口，阻碍交通。

改造重点： 结合上移楼梯、电梯，大门向上调整；同时卫生间门口增加遮挡隔墙，稳定餐厅；调整洁具。

一是上移大门。

二是餐厅左增加隔墙，稳定空间。

三是卫生间调整洁具。

空间的调整使餐厅非常稳定。

改前

改后

政策房的设计与改造 定向安置篇

北京三间房乡 D 区农民回迁安置房
C 座中单元 C2-1 户型

动迁安置房

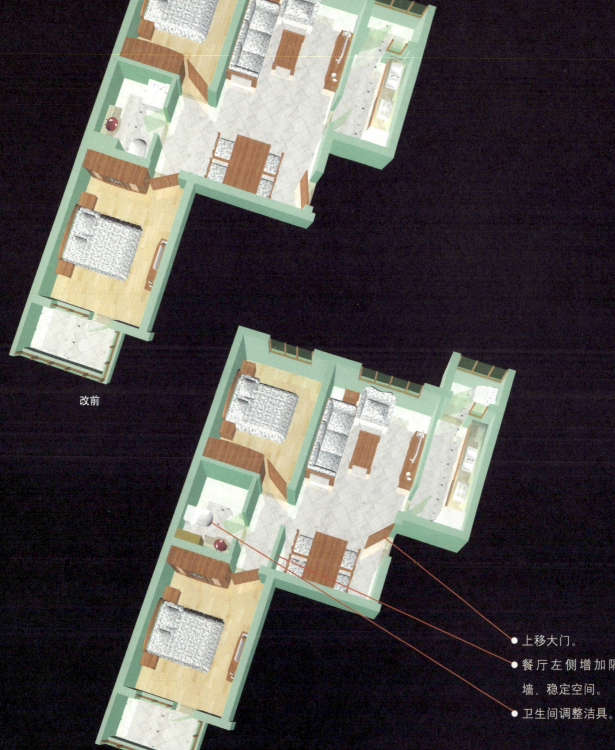

改前

改后

- 上移大门。
- 餐厅左侧增加隔墙，稳定空间。
- 卫生间调整洁具。

133

北京三间房乡D区农民回迁安置房
C座中单元C1-1户型

动迁安置房

户型分析： 一室二厅一卫的C1-1户型，建筑面积56.49平方米，使用率80%，为板塔楼塔楼部分的全南户型，采光不错，通风不好。

功能布局： 由于卧室横向设置，挤压了有限的起居室，同时卫生间位于上端，也使交通动线变长。

改造重点： 偏转卧室；规矩起居室；合并卫生间。

一是偏转卧室，使进深大于开间，格局变得合理。

二是卫生间移至右上角，合并干湿间，调整洁具。

卧室偏转和卫生间的合并，使得中间墙面取直，餐厅变大，同时到达各空间的动线也相应缩短。

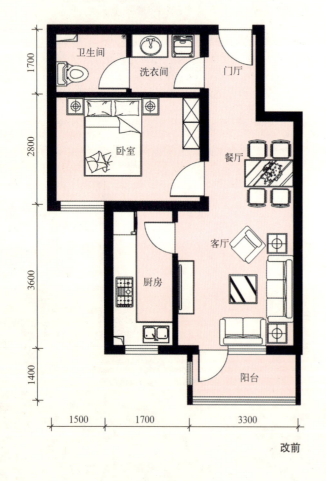

改前

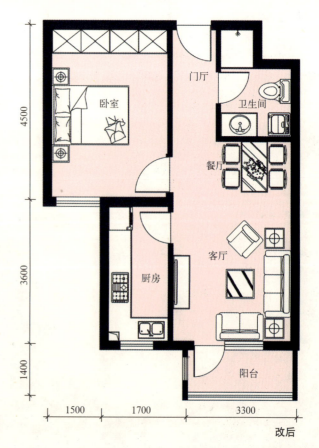

改后

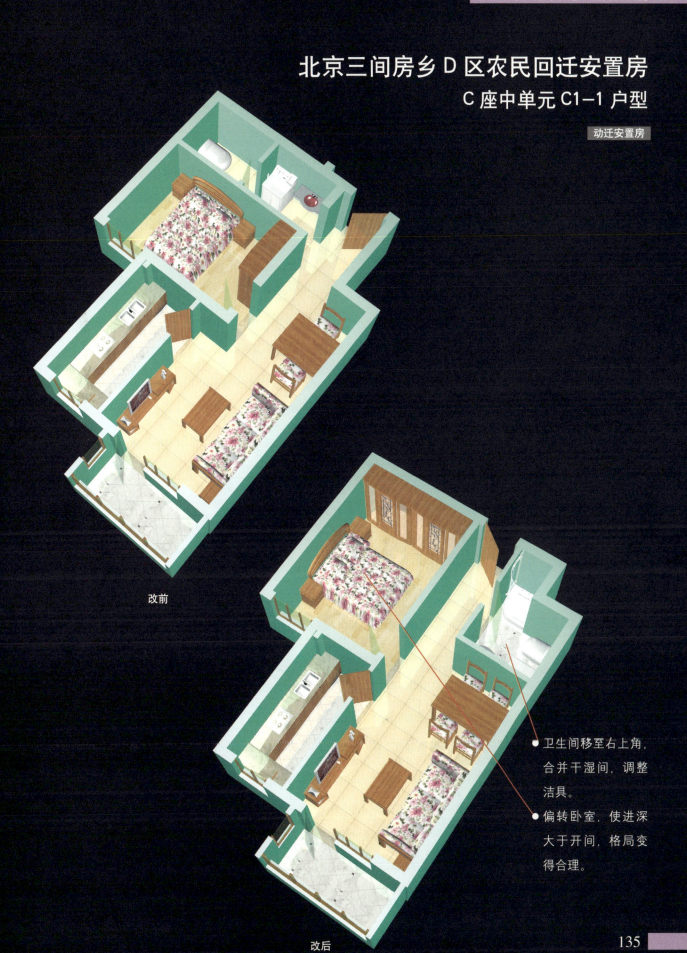

北京三间房乡D区农民回迁安置房
A座边单元楼层改前

动迁安置房

楼层分析：该楼为三连体板塔楼，其中边单元2梯4户：A1-1户型对称布局，一室一厅一卫，建筑面积59.37平方米；A2-5户型二室二厅一卫，建筑面积83.69平方米；A3-1户型三室二厅一卫，建筑面积118.20平方米。楼面右侧偏上，整体不够平衡，尤其是电梯井外墙和A2-5主卧室右上角结构墙有些小折角。

功能布局：A1-1户型客厅开间稍小，也可以保持不变。主要是下移A3-1户型，保持楼面平衡。

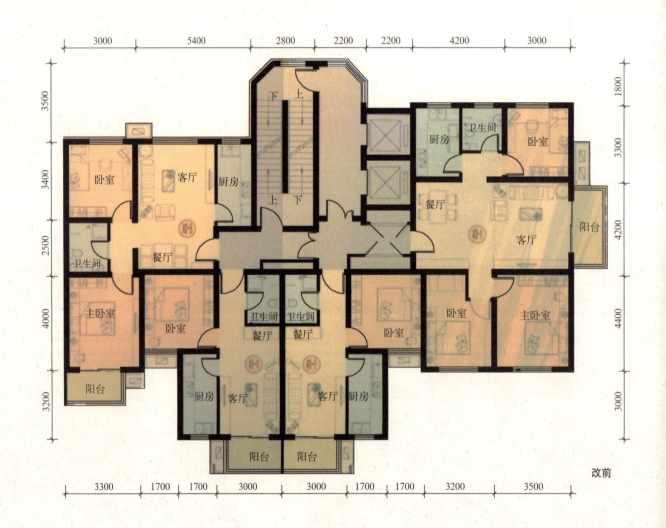

改前

政策房的设计与改造　定向安置篇

北京三间房乡D区农民回迁安置房
A座边单元楼层改后

动迁安置房

改造重点：电梯井上移，与楼梯北墙取齐；扩大A1-1客厅开间；下移A3-1户型。

A1-1户型，厨房左墙左移20厘米，反户型反向移20厘米，厨房开间缩小到1.6米，这样客厅的开间就可以增大到3.3米。

A3-1户型，餐厅移到起居室的左下角，卫生间调整洁具客厅略缩小开间，与相邻户型保持平衡。

A2-5户型，加大次卧进深。

改造后，楼座平面平衡，管线井集中，走廊宽敞。

改后

北京三间房乡 D 区农民回迁安置房
A 座边单元 A3-1 户型

动迁安置房

户型分析：三室二厅一卫的 A3-1 户型，建筑面积 118.20 平方米，使用率 76%，为板塔楼的板楼部分南北户型，三面采光，整体格局方正。

功能布局：户型除南次卧因留出门口而形成了"刀把"形格局外，其他部分设计得比较到位。

改造重点：下移整个户型，北外墙和南外墙均与 A2-5 户型取齐。

一是下移户型，厨房进深加大。
二是餐厅调整到起居室左下角。
三是卫生间调整洁具。
户型空间变化不大，但调整使楼面整体平衡。

北京三间房乡 D 区农民回迁安置房
A 座边单元 A3-1 户型

动迁安置房

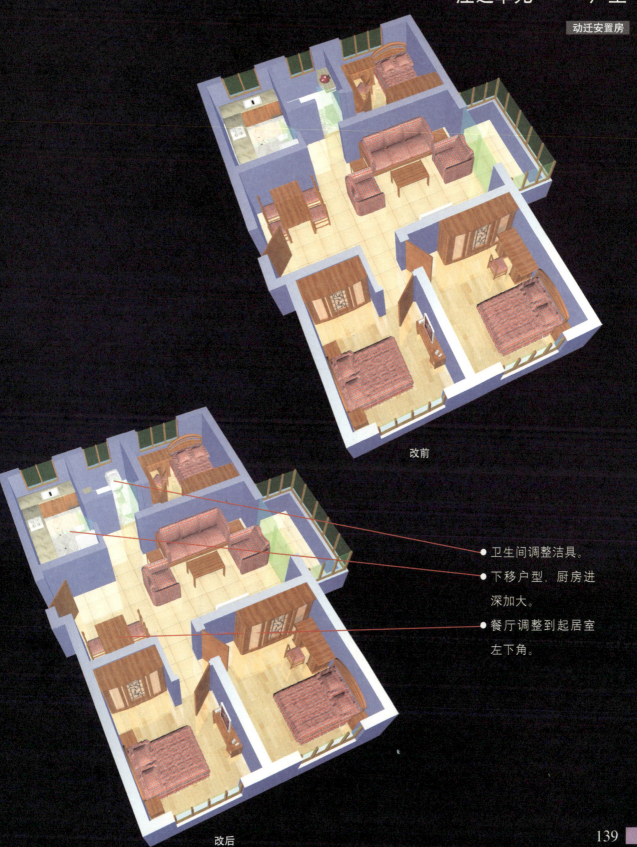

改前

- 卫生间调整洁具。
- 下移户型，厨房进深加大。
- 餐厅调整到起居室左下角。

改后

北京房山区长阳镇高佃四村回迁房
C 单元楼层改前

[动迁安置房]

环境氛围：位于北京市房山区长阳镇高佃四村，北临稻田北路，南接稻田路，东挨高佃一路。项目总用地5.6万平方米，总建筑面积7.2万平方米，绿化率35%，容积率2，包括10栋住宅建筑，分别为11层和8层，计676户，可容纳1893人。

建设单位：北京天庆房地产开发有限公司

设计单位：北京天地都市建筑设计有限公司

楼层分析：该楼面为连体板楼的C单元，1梯2户，其中C3户型二室二厅一卫，E1户型三室二厅二卫。C3户型南侧凹进较多，有遮挡夹角。

功能布局：E1户型均好性尚可，主要问题是交通通道过长，次卫淋浴在门口，无法使用。C3户型餐厅部分过窄，通行不便。

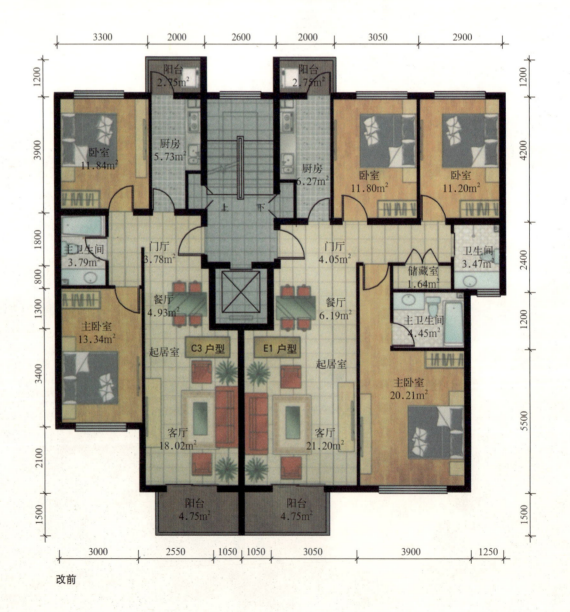

改前

北京房山区长阳镇高佃四村回迁房
C单元楼层改后

动迁安置房

改造重点：下移C3户型，取齐南侧。

C3户型，卫生间下墙下移，门改在下端，用墙遮挡，墙的上沿与电梯的下沿取齐，同时缩短主卧进深。

E1户型，主卫下墙下移，主卧门上沿与电梯的下沿取齐，餐厅调整到夹角处，同时缩短主卧进深，改开门朝向客厅。

改后

政策房的设计与改造 定向安置篇

北京房山区长阳镇高佃四村回迁房
C3 户型

动迁安置房

户型分析：二室二厅一卫的C3户型，户型整体向下移动，消除主卧遮挡夹角的同时，调整出门厅和餐厅。

功能布局：最大问题是餐厅开间局促，出入有阻碍。

改造重点：起居室偏转并拉直北外墙；卫生间合并。

一是将户型整体下移，南墙取齐。
二是卫生间下墙下移，门开在下端。
三是遮挡墙上沿对着电梯下沿，并挡住卫生间门。
四是门口形成独立门厅。

调整后，形成了独立门厅和宽裕的餐厅。

改前

改后

政策房的设计与改造 定向安置篇

北京房山区长阳镇高佃四村回迁房
C3 户型

动迁安置房

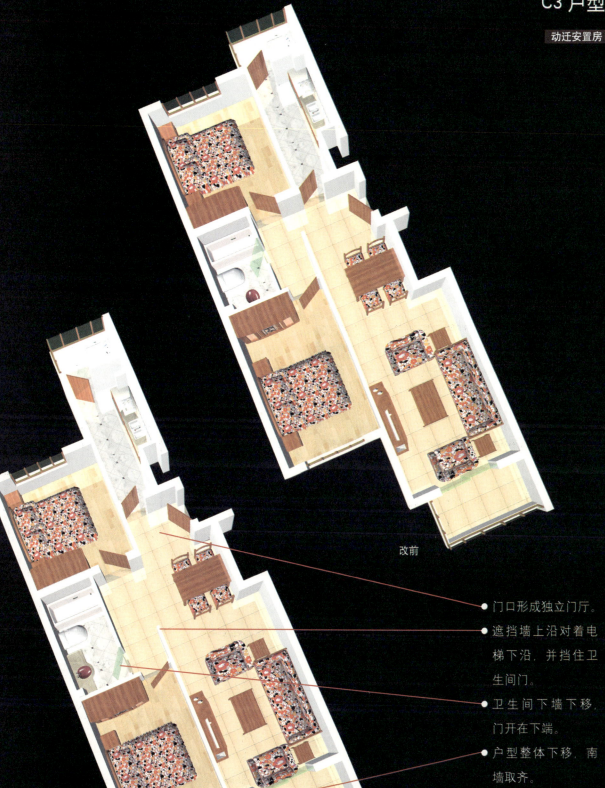

改前

改后

- 门口形成独立门厅。
- 遮挡墙上沿对着电梯下沿，并挡住卫生间门。
- 卫生间下墙下移，门开在下端。
- 户型整体下移，南墙取齐。

北京房山区长阳镇高佃四村回迁房
E1 户型

动迁安置房

户型分析：三室二厅一卫的E1户型，各居室面积配比不错，但进入主卧和次卫的交通通道过长，有些浪费。

功能布局：餐厅开间局促，出入有阻碍，建议将主卧门下移，开向客厅，餐厅设置在稳定的夹角墙处。

改造重点：下移主卧门，上沿与电梯下沿取齐，改开门；卫生间向下扩大；餐厅设置在夹角墙。

一是将主卧门下移，上沿与电梯下沿取齐，门开向客厅。

二是卫生间下墙下移，使门套在主卧内。

三是餐厅移至夹角墙，稳定空间。

四是调整次卫洁具。

调整后，形成了宽裕的餐厅，入门动线直接进入客厅，进入次卫走廊也相应缩短。

改前

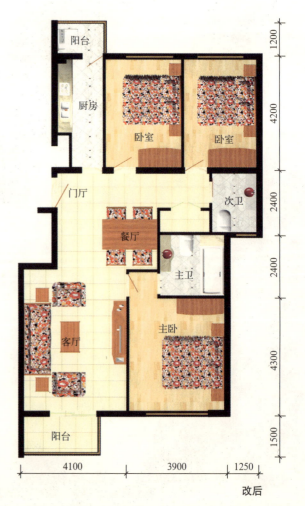

改后

北京房山区长阳镇高佃四村回迁房
C3 户型

动迁安置房

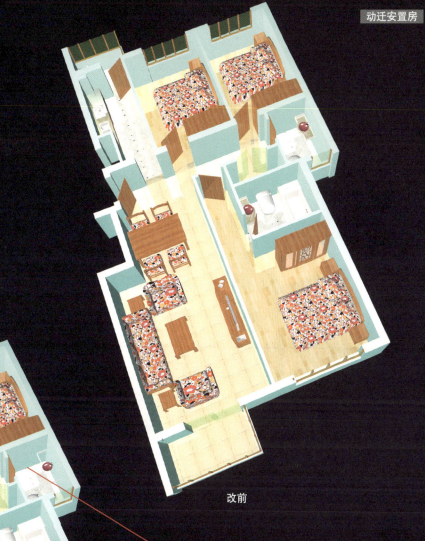

改前

- 调整次卫洁具。
- 餐厅移至夹角墙，稳定空间。
- 卫生间下墙下移，使门套在主卧内。
- 主卧门下移，上沿与电梯下沿取齐，门开向客厅。

改后

政策房的设计与改造　定向安置篇

北京房山区长阳镇高佃四村回迁房
B单元楼层改前

动迁安置房

楼层分析：该楼面为连体板楼的B单元，1梯2户，B1户型二室二厅一卫，对称布局。主卧凹进，有采光遮挡夹角。

功能布局：户型另一个问题是，餐厅开间过小，出入客厅不便。

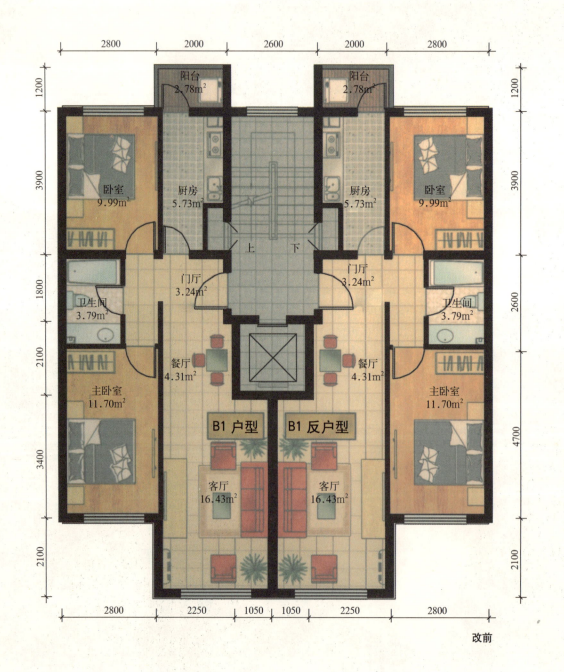

改前

北京房山区长阳镇高佃四村回迁房
B 单元楼层改后

动迁安置房

改造重点： 下移户型卧室和卫生间。

B1 户型卧室和卫生间下移至主卧北墙对着电梯南墙，门厅处形成影壁墙。

改造后，南侧主卧室视角遮挡减弱，同时门厅独立，餐厅面积扩大。

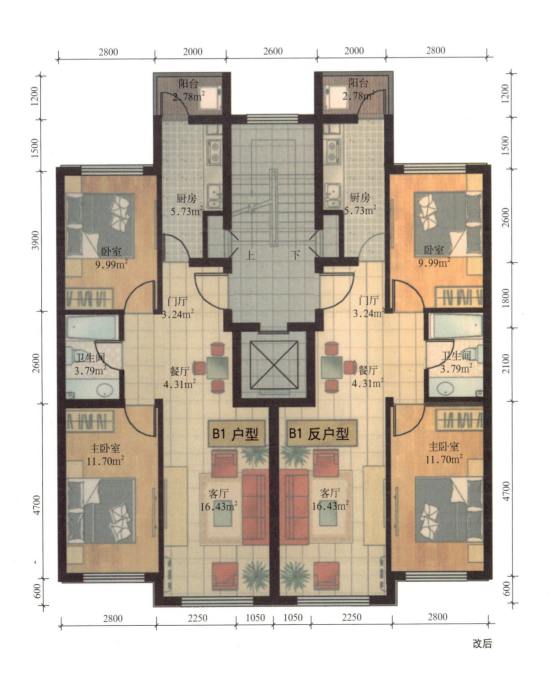

改后

政策房的设计与改造 定向安置篇

北京房山区长阳镇高佃四村回迁房
B1 户型

动迁安置房

户型分析：二室二厅一卫的B1户型，为标准的板楼布局，但主卧有遮挡夹角。

功能布局：户型另一个问题是餐厅开间局促，出入有阻碍。

改造重点：户型整体向下移动，调整出门厅和餐厅。

一是将户型整体下移，主卧上沿与电梯下沿取齐。

二是门厅处形成影壁墙。

三是餐厅开间明显加大。

调整后，形成了独立门厅和宽裕的餐厅，但有点遗憾的是卫生间门有些直接对着餐厅。

改前

改后

政策房的设计与改造　定向安置篇

北京房山区长阳镇高佃四村回迁房
B1 户型

动迁安置房

改前

改后

- 门厅处形成影壁墙。
- 餐厅开间明显加大。
- 户型整体下移，主卧上沿与电梯下沿取齐。

149

北京房山区人口迁移集中安置房
楼层改前

动迁安置房

环境氛围：位于北京市房山区顺平路北。为贯彻国务院、市政府有关整顿关闭煤矿工作的决定，实施山区人口搬迁安置工作，将山区2.6万人分散安置到良乡等乡镇，1.9万人集中安置在阎村镇与青龙湖镇的交界处。项目规划用地1.35平方公里，居住用地134.14公顷，总建筑面积103.6万平方米。

建设单位：北京市房山区山区人口迁移办公室

设计单位：北京市精诚宏信建筑设计有限公司

楼层分析：该楼为连体板楼，每个单元2户，无电梯，户型为二室二厅一卫，建筑面积100.53平方米。

功能布局：户型中面积的均好性不佳，客厅偏大，餐厅偏小。结合楼梯间和管线间的调整，缩短楼面进深。

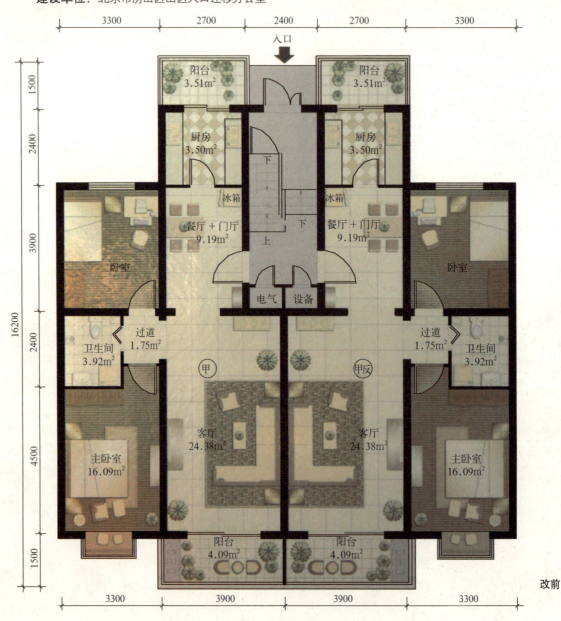

改前

政策房的设计与改造　定向安置篇

北京房山区人口迁移集中安置房
楼层改后

动迁安置房

改造重点：阳台设置与楼梯间北墙取齐，缩进1.5米，降低楼面总进深，同时调整管线间。

甲户型，阳台缩进，外墙与楼梯间取齐，同时下移大门，餐厅调整到客厅上端。

改造后，楼座进深缩短1.8米，餐厅开间加大同客厅。

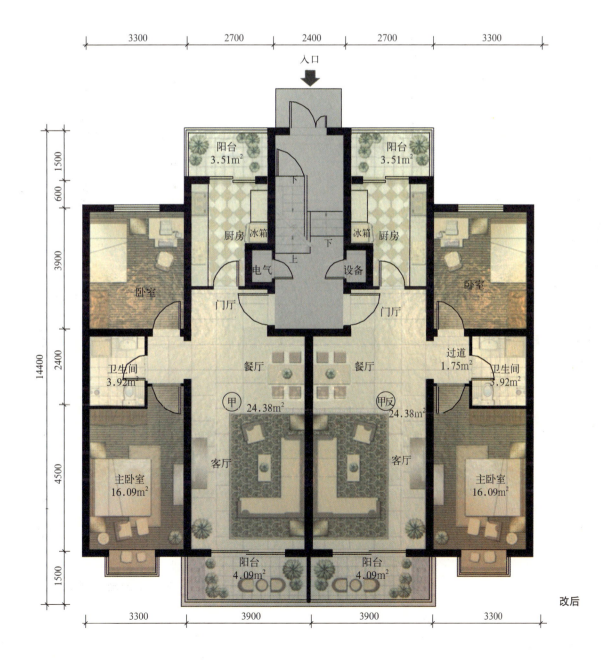

改后

北京房山区人口迁移集中安置房
甲户型

动迁安置房

户型分析：二室二厅一卫的甲户型，建筑面积100.53平方米，为板楼南北户型。

功能布局：卧室格局不错，适宜放置家具，卫生间也相对宽裕。主要问题是客厅过大，而餐厅偏窄，出入厨房不便。

改造重点：收缩厨房阳台；改设管线间；餐厅和客厅合在一起。

一是将阳台收缩，外墙与楼梯取齐。

二是将管线间改在厨房外侧。

三是下移大门。

四是餐厅移至客厅上端。

五是调整卫生间洁具。

户型缩短了1.8米的进深，空间配比也变得合理了。

改前

改后

政策房的设计与改造 定向安置篇

北京房山区人口迁移集中安置房
甲户型

动迁安置房

改前

改后

- 阳台收缩，厨房与楼梯外墙取齐。
- 管线间改在厨房外侧。
- 下移大门。
- 餐厅移至客厅上端。
- 调整卫生间洁具。

旧城保护安置房

旧城保护是指随着城市经济的发展,为适应城市规划的需求,实施对旧有城市基础设施的拓展与改线,对工矿、企业、商贸、房宅的拆迁与重建,对城市绿地、景观设施、公共文教娱乐场所的改扩与增建等。

旧城保护安置房,则是在旧城改造的基础上为居民建筑的新式住宅。

强调中心区综合功能

旧城改造是从拆除旧房子,拓宽旧马路入手,使旧城从城市功能、建筑布局、产业结构上进行调整,改善城市居住环境并组织大规模的公共服务设施建设,把旧街坊改造成完整的新式居住区,使旧城机能得以完善,更新物质生活环境的同时,强调中心区的综合功能,以满足城市可持续发展的要求。

增加封闭式卫星城镇

旧城改造一般要保持中心城区的相对稳定,同时还要增加一些结构完整、规模适当的封闭式卫星城镇,因为一些城市用地被划分为孤立的功能区,影响了整个规划结构的协调发展,必须依赖于相交半放射环形系统的扩展,在灵活分区过渡的基础上编制各种开敞式的城市结构。而公共服务中心的布局则根据完善整个城市规划结构的具体条件,制定出多样的组合方案。

旧城改造是个不间断的过程,取决于城市的发展方向和速度,既反映城市的发展过程,城市空间的规划组织以及建筑和社会福利设施的完善过程,又表示出物质成果,反映出当时的建筑水平和福利设施的状况,因此,旧城改造房的设计与施工,必须与城市的发展水平相适应。

政策房的设计与改造 定向安置篇

北京东城区旧城保护定向安置房——顺义地块
楼层改前

旧城保护安置房

环境氛围：位于北京市顺义区顺平路北。项目总建筑面积79.7万平方米，住宅面积50万平方米，其中保障性住房11.4万平方米，定向安置房38.6万平方米，绿化率30%，计6792户，19018人。

建设单位：北京市东城区住宅发展中心
设计单位：北京市建筑设计研究院

楼层分析：该楼为蝶形塔楼，2梯8户，全部为二居室。

功能布局：户型中面积的均好性不足，该大的不大，该小的不小，同时交通通道偏长，动静干扰较大。如X1户型出入卧室要穿越客厅；X2户型的起居室偏小，交通通道偏长；X3户型次卧大于主卧；X4户型的起居室开间偏小等。

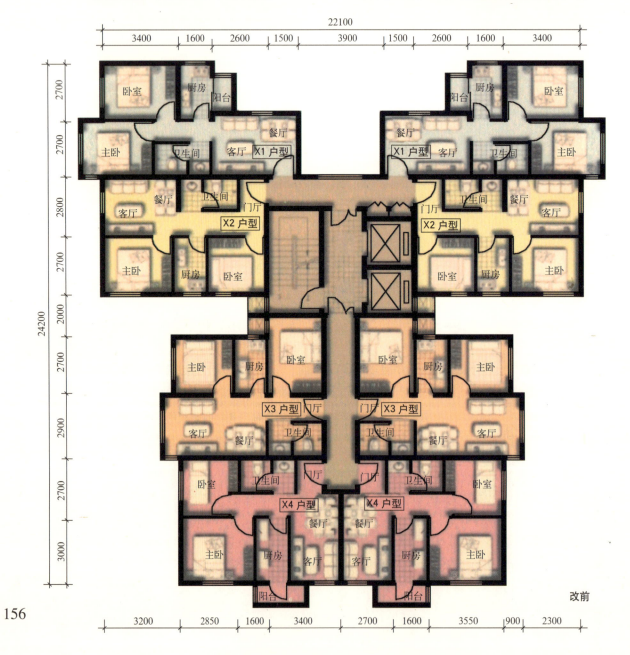

改前

156

北京东城区旧城保护定向安置房——顺义地块
楼层改后

旧城保护安置房

改造重点： 公共楼道由"丁"字形变成"工"字形，调整户型总开间和进深。

X1户型，起居室偏转，客厅在窗前，减少出入时的干扰，并变成明餐厅。

X2户型，加大起居室，缩短大门交通通道。

X3户型，加大起居室，调整两个卧室面积的配比，缩短大门交通通道。

X4户型，调整厨卫，加大起居室开间。

改造后，楼座平面规整，结构墙简洁，客厅开间都增大到3.1米，卧室开间统一到2.7～2.8米，非常整齐。

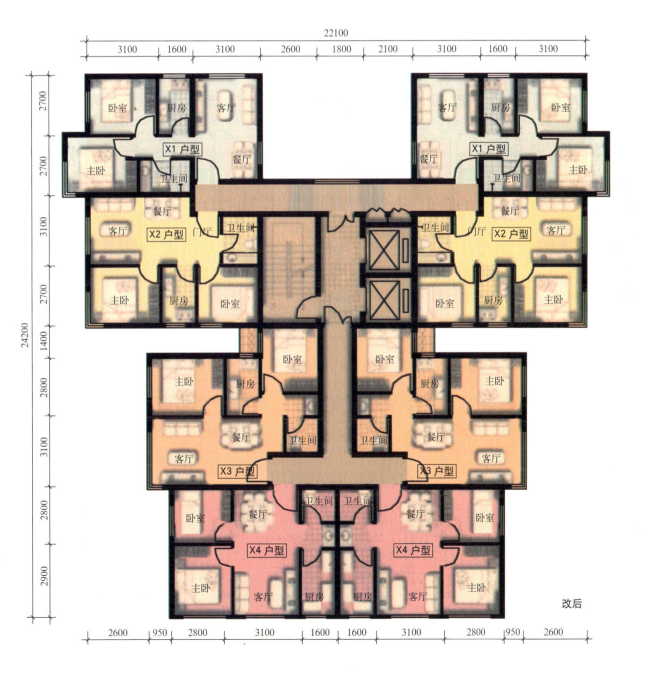

改后

北京东城区旧城保护定向安置房——顺义地块
X1 户型

旧城保护安置房

户型分析： 二室一厅一卫的 X1 户型，建筑面积 51.9 平方米，为塔楼部分的东北、西北户型，户型横向展开，起居部分处在大门交通通道中。

功能布局： 卧室格局不错，适宜放置家具，卫生间虽然干湿分离，但淋浴间局促，最大问题是起居室，出入要横穿，干扰极大。

改造重点： 起居室偏转并拉直北外墙；卫生间合并。

一是将起居室偏转，客厅位于里侧，餐厅处于夹角，稳定空间，并取直北外墙。

二是将餐厅开窗。

三是将卫生间合并，增加淋浴间。

户型改成了二室二厅一卫，功能和舒适度都有所提高。

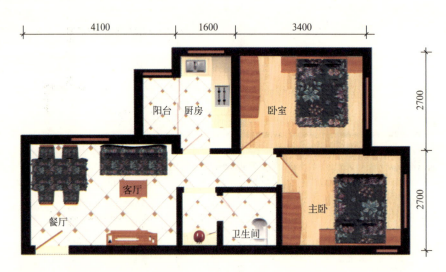

改前

改后

政策房的设计与改造

北京东城区旧城保护定向安置房——顺义地块 X1 户型

旧城保护安置房

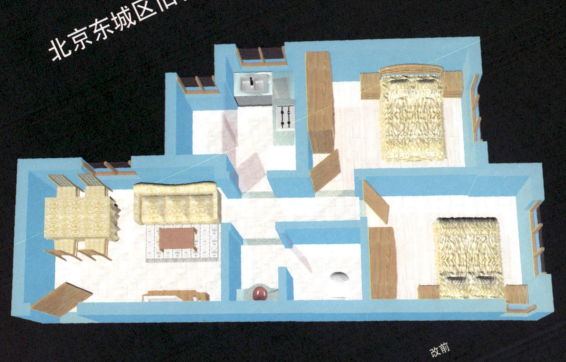

改前

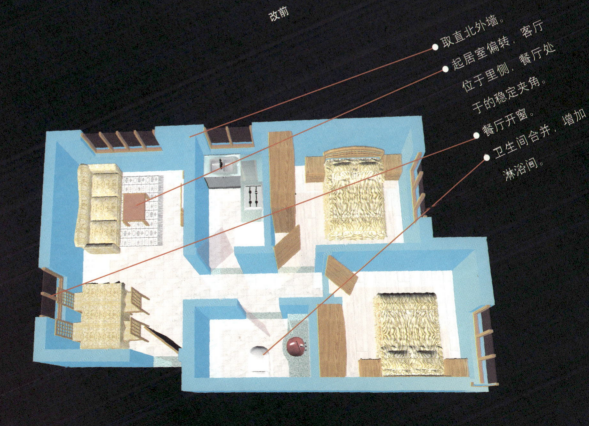

- 取直北外墙。
- 起居室偏转，客厅位于里侧，餐厅处于的稳定夹角。
- 餐厅开窗。
- 卫生间合并，增加淋浴间。

改后

北京东城区旧城保护定向安置房——顺义地块
X2 户型

|旧城保护安置房|

户型分析：二室一厅一卫的 X2 户型，建筑面积 50.2 平方米，为塔楼部分的东西户型，户型横向展开，起居部分处在户型最里侧，动静区倒置，造成交通通道过长。

功能布局：卧室格局不错，主卧朝南，获得宝贵的阳光，但次卧在开槽内，有采光遮挡。

改造重点：加大户型总进深，扩大起居室开间；改开大门，减少户内交通；调整卫生间。

一是将户型总进深加大，开槽缩小。餐厅处于夹角，稳定空间。

二是将起居室开间和进深都加大，分离客厅和餐厅。

三是将大门设在户型中部，减少交通通道。

四是卫生间调整到次卧上端。

户型同样改成了二室二厅一卫，消化了部分交通面积，起居空间增大不少。

改前

改后

政策房的设计与改造　定向安置篇

北京东城区旧城保护定向安置房——顺义地块
X2 户型

旧城保护安置房

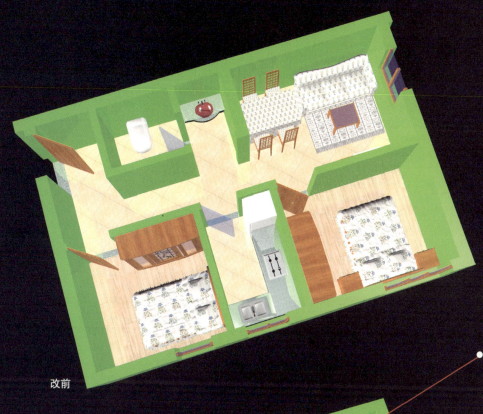

改前

改后

- 户型总进深加大，开槽缩小。餐厅处于夹角，稳定空间。
- 大门设在户型中部，减少交通通道。
- 起居室开间和进深都加大，分离客厅和餐厅。
- 卫生间调整到次卧上端。

161

北京东城区旧城保护定向安置房——顺义地块
X3 户型

旧城保护安置房

户型分析：二室二厅一卫的 X3 户型，建筑面积 50.8 平方米，为塔楼部分的东西户型，起居部分分出了餐厅和客厅，但次卧面积大于主卧。

功能布局：主卧进深偏短，无法放置衣柜。次卧的窗口过窄，采光不足。

改造重点：取直侧外墙，加大主卧进深；缩小次卧；调整大门位置。

一是开槽缩小，将户型总进深加大。

二是将主卧侧墙与起居室墙取齐。

三是将大门设在户型下部。

四是卫生间调整到紧邻次卧。

增大主卧进深，缩小次卧开间，目的使尺度和面积配比协调。

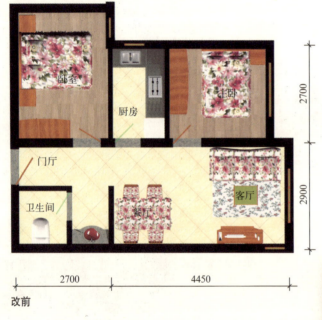

改前

改后

政策房的设计与改造 定向安置篇

北京东城区旧城保护定向安置房——顺义地块
X3 户型

旧城保护安置房

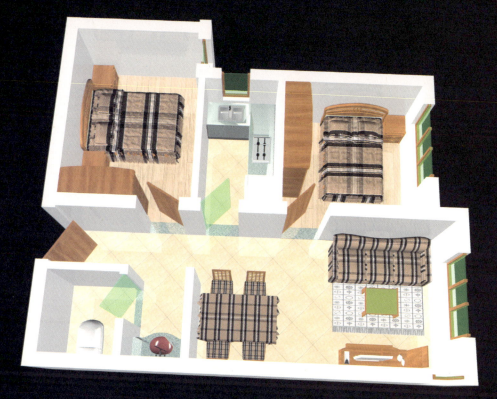

改前

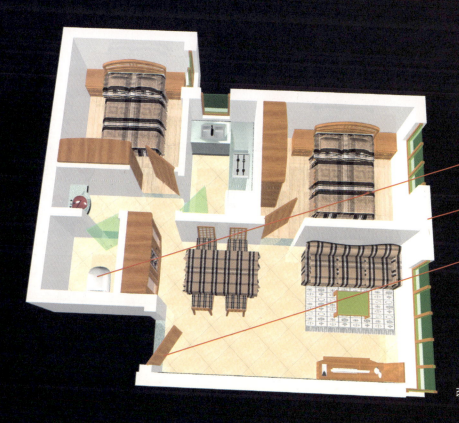

- 卫生间调整到紧邻次卧。
- 主卧侧墙与起居室墙取齐。
- 大门设在户型下部。

改后

北京东城区旧城保护定向安置房——顺义地块
X4户型

旧城保护安置房

户型分析：二室二厅一卫的X4户型，建筑面积50.1平方米，为塔楼部分的东南、西南户型，起居部分开间过窄，显得拥挤，同时南侧阳台封闭两面，作用不大。

功能布局：主卧开间稍大，可以让出一些给起居室，同时大门设置在中间，起居室也可以充分利用交通面积。

改造重点：缩小主卧开间；起居室与厨房对调；大门设在中部，起居室借用交通面积；去掉阳台。

一是主卧开间缩小，并偏转床。

二是将次卧门与主卧并列。

三是将厨房调整到边上。

四是卫生间调整到上端。

五是大门设在户型中部。

起居室明显加大，并且厨卫也很整齐，中间还可以设置洗手台。

改前

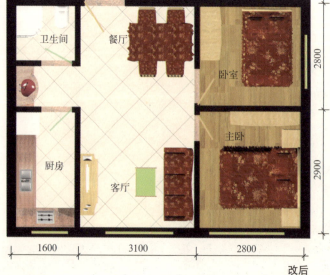

改后

政策房的设计与改造 定向安置篇

北京东城区旧城保护定向安置房——顺义地块
X4 户型

旧城保护安置房

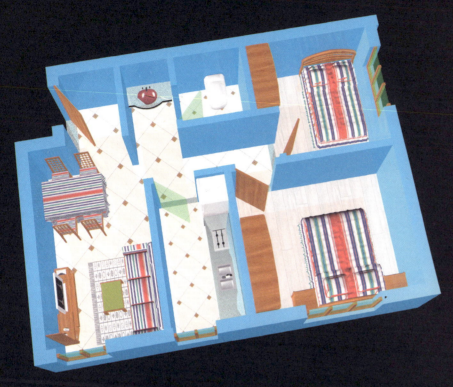

改前

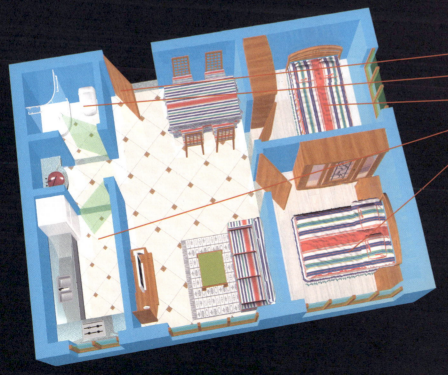

改后

- 大门设在户型中部。
- 卫生间调整到上端。
- 次卧门与主卧并列。
- 厨房调整到边上。
- 主卧开间缩小，并偏转床。

棚户区改造房

棚户区改造房是政府为改造城镇危旧住房、改善困难家庭住房条件而建造的住房。目前，我国包括棚户区在内有大约1.5亿平方米危房亟待改造，根据住房城乡建设部规划，从2009年开始，对国内煤炭采空区、林场、农垦及华侨农场中棚户区进行了大规模的改造。

合理组织拆迁

各市城市房屋拆迁主管部门依法组织拆迁，逐户签订书面拆迁补偿安置协议。按照居民自愿的原则，结合本地实际情况，采取货币化方式安置；利用现有空置的普通商品住宅作为安置用房；先安置，后改造，先拆迁少量的地块，集中建设棚户区居民安置用房，然后再进行大规模的拆迁；政府收购二手房和利用现有的公房作为安置用房，供产权调换居民临时居住、购买或作为廉租住房租住。

妥善处理产权

对已经取得房屋所有权证的房屋，依法赔偿。充分考虑棚户区居民的承受能力，做好与各项住房政策的衔接，妥善安置被拆迁居民。实行产权调换或者货币补偿。对低保户实施优惠政策。对私有产权的原面积部分拆一还一；本人未缴费的扩大面积部分，确认为公有产权，鼓励购买或实施廉租办法；无力承担租金的，由房产管理部门记账，代缴租金；采暖费减免按当地有关规定执行。

注重建设质量

尽可能通过公开招标的方式选择有实力的单位参与建设，加强工程质量安全监督管理，确保回迁安置房屋的建设质量，防止因质量问题引发矛盾纠纷。选用国家与省推荐的建筑材料与设备，施工图等设计文件要经过仔细审查，户型的设计要适应未来住宅发展的需要，避免使用一些老套、落伍的方案。棚户区改造项目要实行建设监理，质量监督机构要加强对施工质量的监督。工程完成后，要依法组织竣工验收，验收合格的，方可交付使用。

北京南苑棚户区改造安置房
楼层改前

棚户区改造房

环境氛围：位于北京市丰台区南四环和南五环之间，紧邻公益西桥南侧槐房西路。项目用地32.5万平方米，其中居住用地23.85万平方米，总建筑面积60.6万平方米，绿化率30%，容积率2.51，包括经济适用房44.19万平方米，计7393套，廉租房2.32万平方米，590套，共7983户，22352人。

建设单位：北京市永联房地产开发有限责任公司
设计单位：北京凯帝克建筑设计有限公司
　　　　　　北京华茂中天建筑设计有限公司

楼层分析：该楼为塔楼，对称布局，2梯6户，全部是两居室。楼面凹凸起伏较大，死角偏多，尤其是侧面两个槽，造成L户型半采光，并有遮挡夹角。

功能布局：楼面布局过于凌乱，同时空间面积配比也存在失衡。如L户型餐厅在窗前，客厅处于灰色空间中，区域倒置，同时出入大门均要穿越电视墙，干扰很大。B户型的主卧与次卧位置颠倒，使原本舒适的主卧只能半采光。

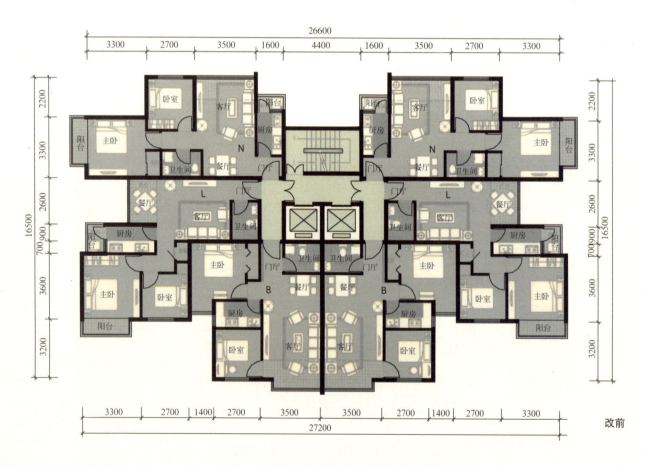

改前

北京南苑棚户区改造安置房
楼层改后

棚户区改造房

改造重点： 调整电梯和楼梯位置，规整楼面；封闭东西侧开槽，增加南侧开槽；规矩起居室。

B 户型，水平翻转，对调主次卧，扩大主卧开间。

L 户型，规矩起居室格局，下移卧室南墙，与邻近户型取齐。

N 户型，改开大门，加大厨房。

调整后，楼座南北侧总开间统一为 27.2 米，保持整齐，总进深缩短了 2.3 米，节约了土地。同时消除了半采光的起居室，避免了卧室门开在客厅里侧所产生的动静干扰。

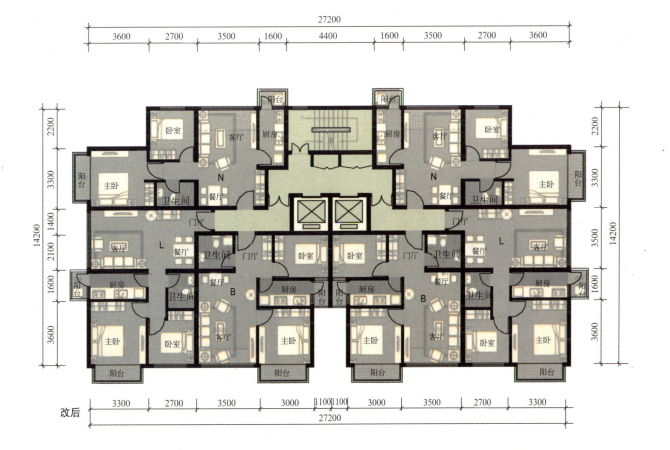

北京南苑棚户区改造安置房
B 户型

棚户区改造房

户型分析：二室二厅一卫的 B 户型，为塔楼部分的全南户型，户型纵向排列，主卧和次卧位置倒置。

功能布局：各空间比较紧凑，因纵向布局，南卧室的门开在了客厅里侧，出入会有交叉干扰。

改造重点：楼体南侧开槽；水平反转户型；增加南卧室开间并改成主卧，门改在上端；缩小北卧室，改成次卧；增加厨房阳台。

一是将楼体中部开槽。

二是水平反转户型，将南卧室改成主卧并加大开间。

三是将北卧横向设置，改成次卧。

四是卫生间扩大面积。

五是主卧外设置阳台。

户型主要功能空间增加尺度并缩小次要空间，舒适度有所提高。

改前

改后

北京南苑棚户区改造安置房
B 户型

棚户区改造房

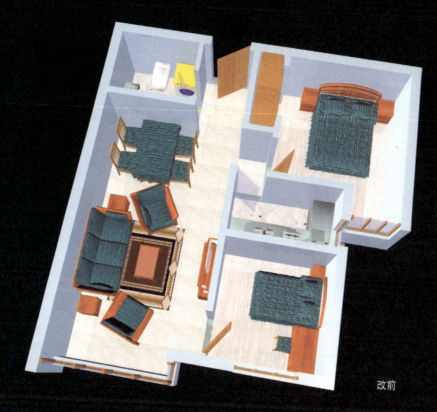

改前

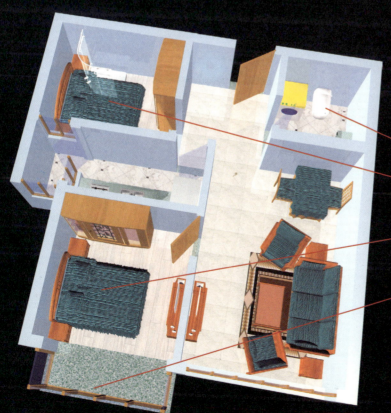

- 卫生间扩大面积。
- 北卧横向设置，改成次卧。
- 水平反转户型，将南卧室改成主卧并加大开间。
- 主卧外设置阳台。

改后

北京南苑棚户区改造安置房
L 户型

棚户区改造房

户型分析：二室二厅一卫的 L 户型，为塔楼部分的东西户型，户型呈阶梯布局，起居室因半采光，造成餐厅和客厅位置倒置。

功能布局：出入卧室要穿越客厅电视墙，干扰很大，并且收缩的餐厅窗户有遮挡夹角。

改造重点：取直侧外墙，规矩户型；客厅和餐厅对调，保持全采光和稳定；卫生间调整到卧室旁。

一是取直侧外墙，并使起居室全采光。

二是客厅调整到里侧，减少干扰。

三是卫生间调整到卧室旁，方便使用。

起居室是最重要的空间，要尽量保证全采光。

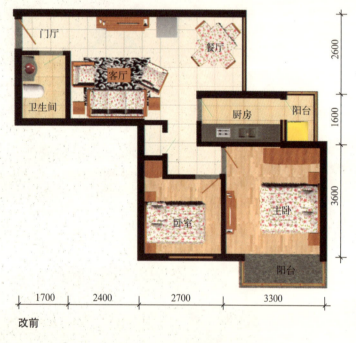

改前

改后

政策房的设计与改造　定向安置篇

北京南苑棚户区改造安置房
L 户型

棚户区改造房

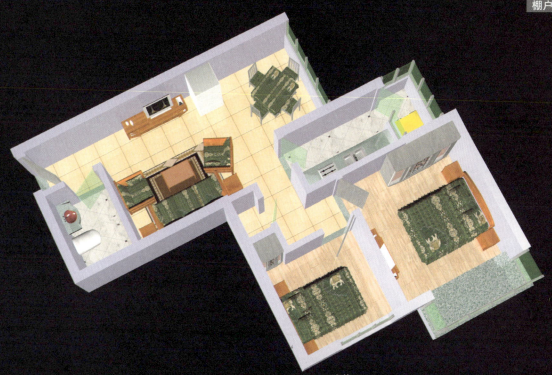

改前

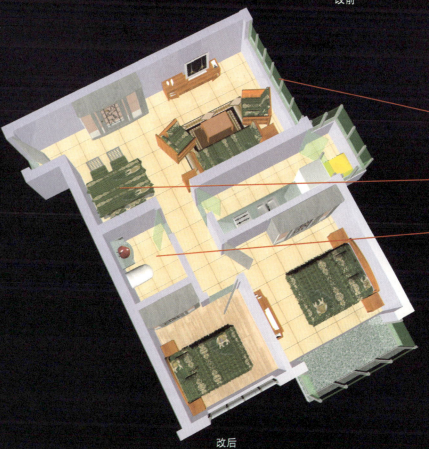

- 取直侧外墙，并使起居室全采光。
- 餐厅调整到里侧，减少干扰。
- 卫生间调整到卧室旁，方便使用。

改后

173

北京南苑棚户区改造安置房
N 户型

棚户区改造房

户型分析：二室二厅一卫的 N 户型，为塔楼部分的全南户型，户型纵向排列，主卧和次卧位置倒置。

功能布局：各空间比较紧凑，因纵向布局，南卧室的门开在了客厅里侧，出入会有交叉干扰。

改造重点：上移厨房；左移大门。

一是将厨房上移，上墙与客厅取直。
二是左移大门。
三是调整卫生间洁具。
起居室的客厅、餐厅和门厅尽量互借用空间，以加大面积。

改前

改后

政策房的设计与改造　定向安置篇

北京南苑棚户区改造安置房
N 户型

棚户区改造房

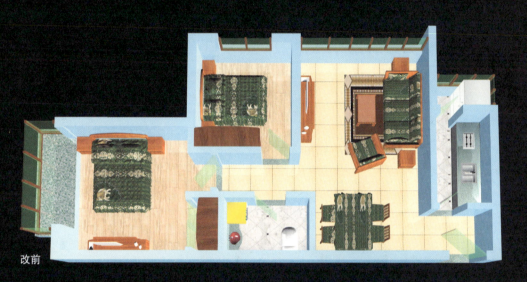

改前

改后

- 厨房上移。
- 调整洁具。
- 左移大门。

北京唐家岭地区整体改造房
壬单元楼层改前

棚户区改造房

环境氛围：位于北京市海淀区西北旺中心区东北角，土井村及唐家岭村内，北靠邓庄南路，南接唐家岭南街，西邻唐家岭中路，东临唐家岭东路和京包公路。该项目是以回迁住宅楼为主，主要用于唐家岭村及土井村建设中农民拆迁的回迁用房。其中唐家岭新城占地13公顷，总建筑面积35.33万平方米，图景嘉园占地5.4公顷，总建筑面积15.55万平方米。

建设单位：北京图景嘉园房地产有限公司
北京众唐兴业房地产有限公司

设计单位：北京鑫海厦建筑设计有限公司。

楼层分析：该单元为1梯2户连体板楼，非对称布局。H户型为三室二厅二卫，书房采用开槽采光，有些遮挡，并且餐厅处在交通动线中，有些干扰。B反户型为二室二厅一卫，南北通透，卫生间外间采用开槽通风，但里间仍为暗卫。

功能布局：户型中面积配比整体不错，存在问题是：H户型餐厅和客厅过于分离，不能互相借用空间；B反户型客厅开间有些局促。

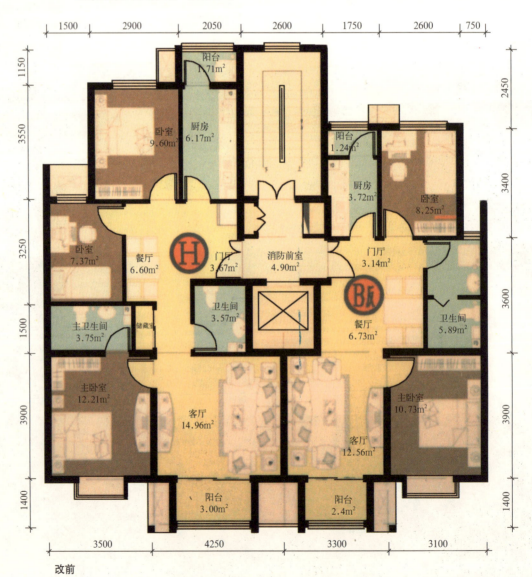

改前

政策房的设计与改造　定向安置篇

北京唐家岭地区整体改造房
壬单元楼层改后

棚户区改造房

改造重点：楼面保持稳定，连接南阳台。

H户型对调次卫和餐厅，使餐厅与客厅可互相借用空间。

B反户型扩大客厅开间，保持与邻近户型的平衡。

调整后，两户型客厅开间比较平衡，餐厅和客厅可互相借用空间。

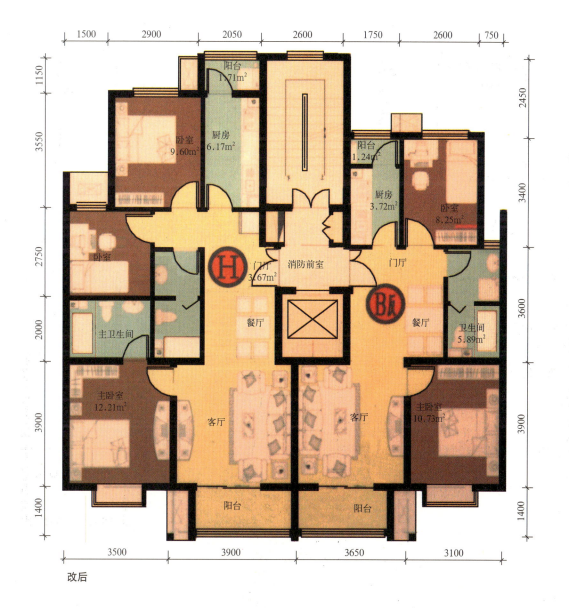

改后

北京唐家岭地区整体改造房
H 户型

棚户区改造房

户型分析：三室二厅二卫的 H 户型，虽然为板楼，但由于主卧和书房侧向开门，通风回路受限，并且动线曲折。

功能布局：户型各居室比例尚可，缺憾是：书房在开槽内半采光，比较灰暗；餐厅处在交通枢纽中，比较局促；主卫有些狭长。

改造重点：加大主卫；调整次卫，合并餐厅和客厅；调整书房和客厅开间及进深。

首先，上移主卫上墙，扩大进深，放进浴缸。

其次，将次卫调整到主卫旁，改成干湿分离，并合用管线间。

再次，右移电梯井，餐厅与客厅合并，可相互借用空间。

接着，小卧室开间加大，保持面积。

最后，客厅开间缩小，与邻居开间平衡。

门厅、餐厅和客厅合一，最大的好处是，面积集中，动线缩短。

改前

改后

政策房的设计与改造　定向安置篇

北京唐家岭地区整体改造房
H 户型

棚户区改造房

改前

- 卧室开间加大，保持面积。
- 餐厅与客厅合并，相互用空间。
- 上移主卫上墙，扩大进深，放进浴缸。
- 次卫调整到主卫旁，改成干湿分离，并合用管线间。
- 客厅开间缩小，与邻居开间平衡。

改后

北京唐家岭地区整体改造房
B 反户型

棚户区改造房

户型分析：二室二厅一卫的 B 反户型，各空间尺度把握不错，整体利用率较高，动线也组织得简捷。

功能布局：厨房和楼梯管线间墙体有个小折角；客厅开间有些偏窄。

改造重点：取直厨房左墙；扩大客厅开间；调整卫生间洁具；扩大阳台。

首先，将厨房左墙取直。

其次，左移客厅左墙，增大开间，保持与邻居户型的平衡。

再次，调整卫生间洁具，增加浴缸。

最后，扩大阳台，与邻居对接。

客厅开间要大于主卧，以保持均好性。

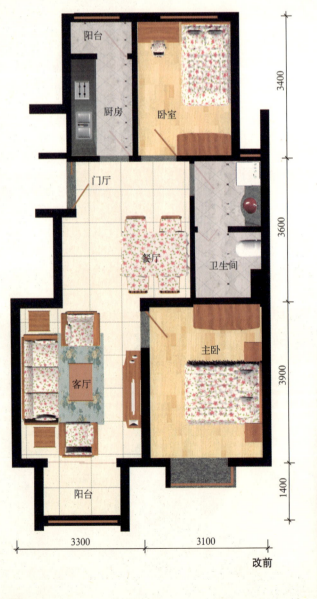

改前

改后

政策房的设计与改造　定向安置篇

北京唐家岭地区整体改造房
B 反户型

棚户区改造房

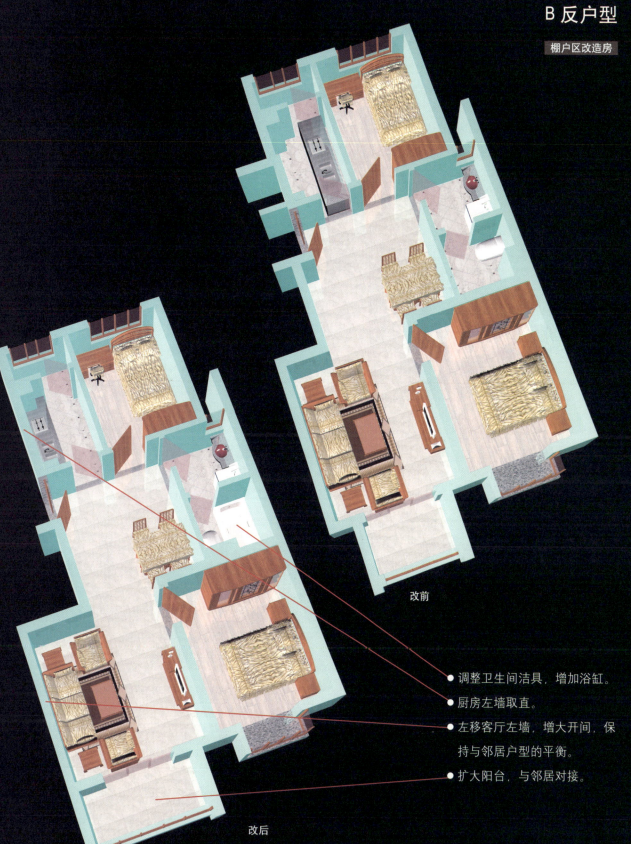

改前

改后

- 调整卫生间洁具，增加浴缸。
- 厨房左墙取直。
- 左移客厅左墙，增大开间，保持与邻居户型的平衡。
- 扩大阳台，与邻居对接。

北京唐家岭地区整体改造房
辛单元楼层改前

棚户区改造房

楼层分析：该单元为1梯3户板塔楼连体，非对称布局。C户型为一室一厅一卫，板楼结构。E户型为二室二厅一卫，板楼结构。D反户型为大开间一居，塔楼全南结构。

功能布局：户型中面积配比整体不错，存在问题是：C户型没有餐厅的位置；E户型客厅开间稍小，餐厅进深稍短；D反户型交通占用面积过多，无法放置沙发。

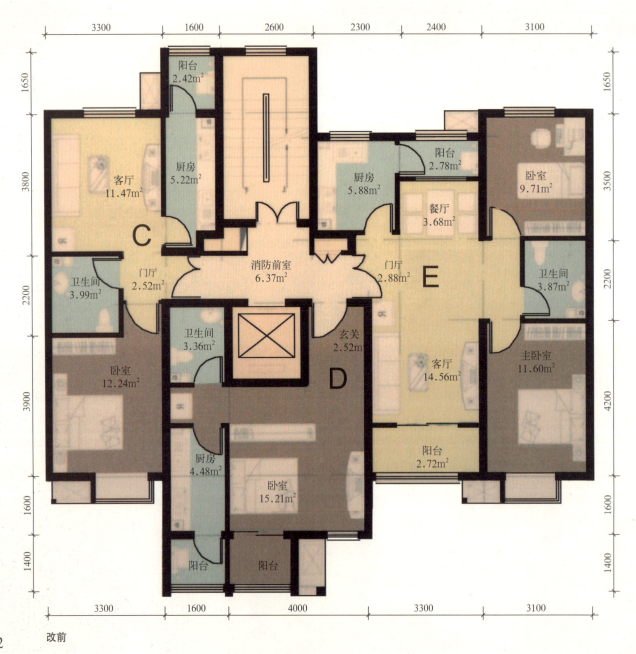

改前

政策房的设计与改造　定向安置篇

北京唐家岭地区整体改造房
辛单元楼层改后

棚户区改造房

　　改造重点：取齐楼面北外墙和南阳台，右移楼梯，调整各居室尺度。

　　C户型下移卫生间和缩小主卧进深，加大起居室，同时因楼梯右移，适当扩大厨房开间。

　　E户型扩大客厅开间和加大餐厅进深，同时因楼梯右移，适当缩小厨房开间。

　　D反户型对调厨房和卧室，消化交通区域。改造后，各居室开间和进深配比适宜。

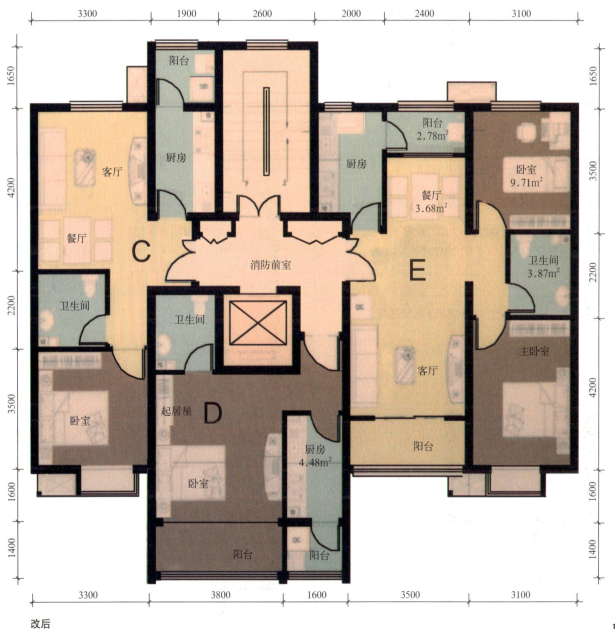

改后

北京唐家岭地区整体改造房
C户型

棚户区改造房

户型分析：二室一厅一卫的C户型，为板塔楼部分的板楼户型，北起居南卧室布局。

功能布局：空间非常紧凑，没有浪费，主要问题是，起居部分没有餐厅的位置。

改造重点：下移卫生间并压缩主卧进深，扩大起居室，分出餐厅。

先是将卫生间下移，垂直反转，门藏在楼道里。然后压缩主卧进深，保证放下卧室三件套。接着餐厅设置在客厅下端。最后厨房扩大开间。

调整的结果，面积变化不大，户型看起来更匀称。

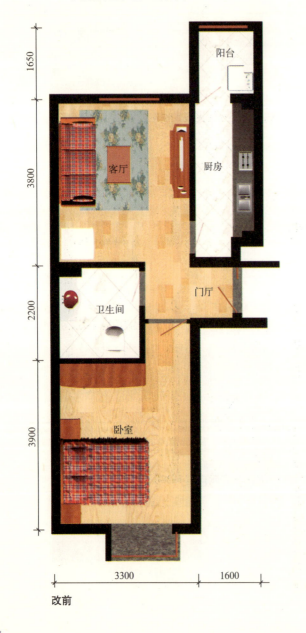

改前

改后

北京唐家岭地区整体改造房
C 户型

棚户区改造房

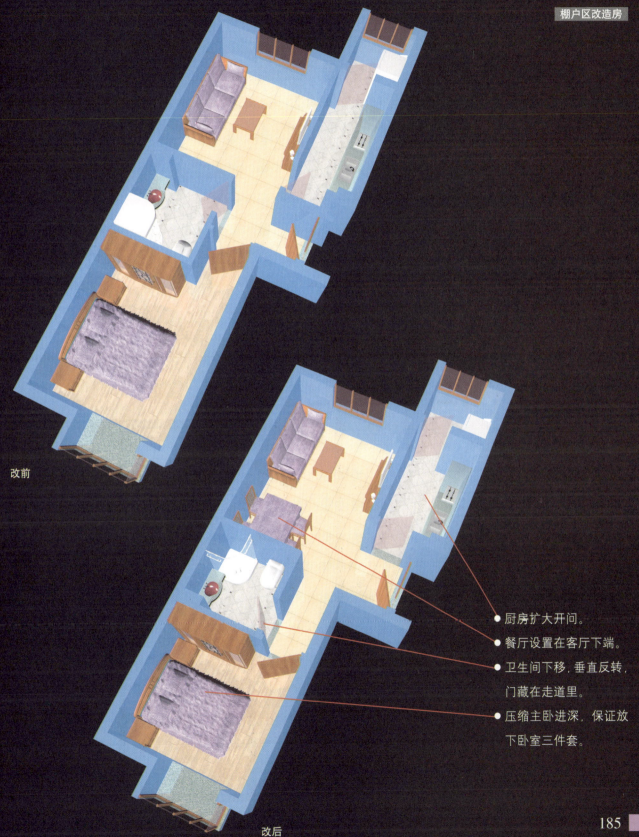

改前

改后

- 厨房扩大开间。
- 餐厅设置在客厅下端。
- 卫生间下移,垂直反转,门藏在走道里。
- 压缩主卧进深,保证放下卧室三件套。

北京唐家岭地区整体改造房
E 户型

棚户区改造房

户型分析：二室二厅一卫的 E 户型，为板塔楼的板楼部分，门门相对，采光、通风良好。

功能布局：户型整体匀称，可以调整的是，适当加大客厅、餐厅和卫生间的面积。

改造重点：加大客厅的开间；加大餐厅进深；缩小厨房开间；隐蔽卫生间。

一是将客厅开间向邻居扩 20 厘米。

二是将餐厅外厨房和北阳台墙上移与次卧墙取直。

三是扩大餐厅进深。

四是厨房开间随楼梯调整缩小。

五是延长主卧左墙，遮挡卫生间门。

面积并未增大多少，但楼面整齐，居室各空间变大。

改前

改后

北京唐家岭地区整体改造房
E 户型

棚户区改造房

改前

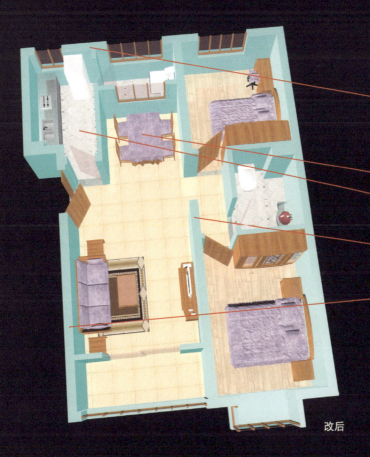

- 餐厅外厨房和北阳台墙上移与次卧墙取直。
- 扩大餐厅进深。
- 厨房开间随楼梯调整缩小。
- 延长主卧左墙，遮挡卫生间门。
- 客厅开间向邻居扩20厘米。

改后

北京唐家岭地区整体改造房
D 反户型

棚户区改造房

户型分析：大开间一居的 D 反户型，为塔楼部分的全南户型，由于单面采光，空间非常明亮，冬暖夏热，通风较差。

功能布局：户型中厨房和卫生间部分处理得不错，两个门口的转换空间巧妙地放置冰箱，但卧室部分问题较多，入门的交通线沿电梯下转了半圈，动线过长，同时无法放置家具。

改造重点：缩小户型总开间；对调厨房和卧室；缩小门厅。

先是将户型右墙左移20厘米。

然后将厨房调整到右侧，这样门口形成小门厅。

最后阳台扩大至完整的开间。

卧室调整到里侧后，交通和居住面积合在一起，可以充分利用，阳台扩大也使得楼面规整。

改前

改后

北京唐家岭地区整体改造房
D 反户型

棚户区改造房

改前

改后

- 厨房调整到右侧，这样门口形成小门厅。
- 户型右墙左移20厘米。
- 阳台扩大至完整的开间。

后 记

一年前，北京市规划委员会和北京市住房和城乡建设委员会主办了"北京市近期政策性住房建设规划设计方案评选暨展览"，来自16个区县的42个项目参加了展出，这些项目占地881.9公顷，建筑面积1675.5万平方米。

虽然大多数项目都由大牌设计院担纲，但设计水平差异很大，除少数比较优异外，大部分则呈现水平低下，尤其表现在楼层平面布局和户型上，20世纪七八十年代老套、落后的户型跃然纸上。这些问题，引起了群众的不满，也引起了政府部门的高度重视。在征求的2174条意见中，"不满意"超过了四成，而这中间对户型的"不满"则占到了近一半。

其间，我与部分设计院的设计师进行了沟通，探讨其设计的项目，感觉除了政策性住房套型小、楼座大、环境复杂、设计费用低等客观因素外，也凸显了开发和设计单位对小户型设计的把握不准、能力不足等主观弱点。为此，我将其中的36个项目中的问题户型，在尊重原设计指标的情况下，精心改造，整理成这部书稿。

正在排版的时候，又逢"北京市第二届政策性住房项目规划设计方案评选暨展览"开幕，展出共32个项目，占地约543公顷，建筑面积约1284万平方米。这是从2011年北京市计划安排建设政策性住房项目154个、住房套数28.3万套中精选出来的。

平心而论，设计水平比起上届来说，有了长足的进步，但仍然存在下列问题：

一是对开间和进深的把握有待提高。上届2梯8户、3梯12户的小户型过多聚集，出现了长居室、"刀把"房，而这届楼体大都变得"轻巧"，居室的格局也相应的规整了许多。

二是采光和通风处理还是欠缺。上届由于"深塔楼"较多，居室和套型的相互叠加，造成楼体开槽过长、过窄，甚至出现了无窗的"黑卧室"、"开窗望墙"、"窗窗相对"的低劣设计。这届随着楼体的开间和进深的缩小，采光和通风虽然有了提高，杜绝了"黑卧室"，但邻居互视的现象仍然存在。

三是位置和尺度依然相互倒置。因开间尺度有限，将餐厅设计到外侧直接采光，而客厅则窝在里侧，形成位置倒置、交叉干扰；因尺度配比失衡，使开间大于进深，造成使用不便。

四是动线和流线仍然组织不当。面积有限的政策房很重要的一点是交通动线便捷、生活流线顺畅，尽可能缩小或共用转换空间，但很多设计在这点上还是非常欠缺。

五是楼座平面和公共交通设计任重道远。作为普通消费者，更多关注户型设计本身，而忽视公共部分。从两届展览来看，因楼面结构处理不当，造成进深加大，结构墙面曲折，使建筑成本增加的设计比比皆是，同时公共交通的楼梯和电梯的布局不合理，也使得公摊加大。

因此，我在已经进入排版的情况下，仍然选出了一些新的户型设计进行了优化，并及时补入书中，目的是使大家继续关注政策房的设计，使政府的资金投入，消费者的倾情付出，物有所值，物超所值，使政策房的设计逐步走向规范化。

作者

2011年7月于北京西山

全案策划：horserealty 北京豪尔斯房地产咨询服务有限公司
技术支持：horseexpo 北京豪尔斯国际展览有限公司
图稿制作：horsephoto 北京黑马艺术摄影公司
文字统筹：李小宁房地产经济研究发展中心

作者主页：	lixiaoning.focus.cn	搜狐网—房产—业内论坛—地产精英（www.sohu.com）
作者博客：	http:// LL2828.blog.sohu.com	搜狐焦点博客（www.sohu.com）
	http://blog.soufun.com/blog_5771374.htm	搜房网—地产博客（www.soufun.com）
	http://blog.sina.com.cn/lixiaoningblog	新浪网—博客—房产（www.focus.cn）
	http://www.funlon.com/ 李小宁	房龙网—博客（www.funlon.com）
	http://www.quanjinglian.com/uchome/space-93.html	全经联家园—个人主页（www.quanjinglian.com）
	http://hexun.com/lixiaoningblog	和讯网—博客（www.hexun.com）
	http://lixiaoning.blog.ce.cn	中国经济网—经济博客（www.ce.cn）
	http://lixiaoning.114news.com	建设新闻网—业内人士（www.114news.cn）
	http://blog.ifeng.com/1384806.html	凤凰网—凤凰博报（www.ifeng.com）
	http://lixiaoning.china-designer.com	设计师家园网—设计师（www.china-designer.com）
	http://lixiaoning.buildcc.com	建筑时空网—专家顾问（www.buildcc.com）
	http://www.aaart.com.cn	中国建筑艺术网—建筑博客中心（www.aaart.com.cn）
	http://2de.cn/blog	中国装饰设计网—设计师博客（www.2de.cn/blog）
	http://blogs.bnet.com.cn/?1578	商业英才网—博客（www.bnet.com.cn）
	http://lixn2828.blog.163.com/blog	网易—房产—博客（www.163.com）

编写人员：王飞燕、刘兰凤、李木楠、李宏垠、潘瑞云、刘志诚、李燕燕、李海力、罗　健、刘　晶、陈　婧、刘冬宝、刘　亮、刘润华、谢立军、刘晓雷、刘思辰、刘冬梅、隋金双、赵　静、王丽君、刘兰英、郭振亚、王共民、张茂蓉、杨美莉、李　刚、伊西伟、潘如磊、刘　丽、吴　燕、陈荟凤

作者联络：LL2828@163.com　horseexpo@163.com
官方网站：www.horseexpo.net